인간이 만든 위대한 속임수

식품첨가물

식품첨가물은 어떻게 쓰레기 가공식품을 탄생시켰나

인간이 만든 위대한 속임수 식품첨가물

아베 쓰카사 지음 | 안병수 옮김

국일 미디어

인간이 만든 위대한 속임수
식품첨가물

초　판　1쇄 발행 · 2006년　5월 20일
개정판　1쇄 인쇄 · 2025년　1월　2일
개정판　1쇄 발행 · 2025년　1월 20일

지은이 · 아베 쓰카사
옮긴이 · 안병수
펴낸이 · 이종문(李從聞)
펴낸곳 · 국일미디어

등　록 · 제406-2005-000025호
주　소 · 경기도 파주시 광인사길 121 파주출판문화정보산업단지(문발동)
사무소 · 서울시 중구 장충단로8가길 2(장충동 1가, 2층)

영업부 · Tel 02)2237-4523 | Fax 02)2237-4524
편집부 · Tel 02)2253-5291 | Fax 02)2253-5297
평생전화번호 · 0502-237-9101~3

홈페이지 · www.ekugil.com
블 로 그 · blog.naver.com/kugilmedia
페이스북 · www.facebook.com/kugilmedia
E - mail · kugil@ekugil.com

· 값은 표지 뒷면에 표기되어 있습니다.
· 잘못된 책은 구입하신 서점에서 바꿔드립니다.

ISBN 978-89-7425-926-6(13590)

백색가루가 라면 스프로

"그럼 지금부터 라면 스프를 만들어볼까요? 무슨 맛으로 할까요. 제가 규슈 출신이니 돈골豚骨탕 맛으로 하겠습니다."

가끔 식품첨가물 강연을 하는 나는 그날도 라면 스프 만드는 실연을 해보이기로 했다. 테이블 위에는 백색가루가 들어 있는 병들이 즐비하게 늘어서 있었다. 내가 팔을 걷어붙이자 참석자들이 호기심에 가득 찬 눈으로 나를 주시했다. 모두들 '그 가루로 라면 스프를 만든다고?' 하는 표정이었다.

"꼭 약 조제하는 것 같죠?"

농담을 하며 나는 병뚜껑을 하나하나 열어 스푼으로 분말을 덜어냈다. 수십 가지에 달하는 백색가루들이 한곳에 섞여졌다. 몇십 년간 해온 일이니 계량이고 뭐고 할 것도 없다. 이미 나의 손은 조합하는 양까지 기억하고 있었으니까.

혼합 분말에 뜨거운 물을 붓자 스프 국물이 되었다. 사용한 것은 오직 백색가루뿐, 고기 국물은 한 방울도 들어 있지 않았다.

"자, 돈골 스프입니다. 드셔보시죠."

컵 몇 개를 꺼내 액체를 따라 사람들에게 권하자 모두들 움찔하며 선뜻 나서질 않는다. 이상한 가루들을 녹여 스프라고 마셔보라니 기가 찬 모양이다. 서로들 꽁무니만 빼는 와중에 그래도 용기 있는 사람이 한 명 있었다. 앞으로 뚜벅뚜벅 걸어 나오더니 조심스레 홀짝 홀짝 맛을 본다.

"진짜네요! 돈골 스프 맞네요. 맛있어요."

그 말을 듣고는 너 나 할 것 없이 달려들어 맛을 본다.

"야! 정말이네. 틀림없는 라면 스프 맛이네!"

"늘 먹는 그 맛이야!"

모두들 웅성거리며 신기해했다.

규슈 지역의 명물인 이른바 '돈코츠 라멘'은 돈골, 즉 돼지뼈를 우린 국물로 만든 라면이다. 어릴 적부터 그 국물을 먹어온 규슈 사람들조차 내 즉석 작품이 맛있다고 했다. 천연 돼지뼈는 전혀 사용하지 않고 이상한 가루만 넣어 만든 스프가 그렇게 맛있다니, 신기한 정도를 떠나 놀라운 일이다.

식품이 어떻게 만들어지는지 알아야

우리는 우리가 먹고 있는 음식에 대해 그다지 관심을 갖지 않는다. 그 음식이 어떻게 만들어지는지는 그저 남의 일이다. 식품첨가물에 대해 잘 알지 못하는 사람은 물론이고, 어느 정도 아는 사람이라도 이 책을 읽다 보면 놀라움을 금치 못할 것이다.

커피에 습관적으로 넣는 크리머. 그것이 물과 식용유와 첨가물만으로 이루어졌다는 사실을 아는 사람은 얼마나 될까. 우리가 마시는 건강음료가 선인장에 기생하는 벌레를 분쇄하여 만든 염료로 착색된다는 사실, 건강을 생각하고 사먹는 포장 야채가 살균제로 몇 번씩 소독된다는 사실을 일반인들이 알기는 쉽지 않다. 아이들이 즐겨먹는 미트볼 역시 폐기 직전의 쓰레기 같은 고기에 첨가물을 다량 섞어 만든다는 사실을 아는 사람은 많지 않다.

식품은 우리 몸을 지탱하는 생명의 원천이다. 우리는 매일 식품을 몸 안에 넣음으로써 생명 활동을 영위한다. 그만큼 식생활이 중요함에도 우리는 식품에 대해 너무 모른다. 그것이 어떻게 만들어지는지, 첨가물이 어떤 식으로 사용되는지에 대해 그다지 관심이 없다.

"일류 회사가 만드니까 괜찮을 거야."

"큰 마트에서 파는데 설마 문제가 될라고?"

이런 식으로 생각하며 아무 생각 없이 먹는다.

첨가물 위험론만으로는 해결책 없어

최근 식품첨가물의 독성 문제가 자주 제기되면서 일각에서는 그 위험성만 놓고 이러쿵저러쿵 떠드는 사람들이 있다.

"소르빈산은 위험하다."

"합성착색료는 발암물질이야."

"이건 사면 안 돼."

"그건 먹지 마."

첨가물 책을 보더라도 위험성에만 주안점을 둔 서적들이 주류를 이룬다. 이를테면 '독성등급표'를 만들어 이건 비교적 안전하다는 둥, 저건 위험하다는 둥 첨가물을 서열화시키는 식이다. 나는 첨가물 문제를 이처럼 독성 측면에서만 접근하는 사고에 찬성하지 않는다.

물론 독성 문제가 중요하지 않다는 이야기는 아니다. 첨가물의 독성은 반드시 밝혀져야 하고 또 우리는 그 내용을 충분히 알아야 한다. 실제로 안전성이 검증되지 않은 물질들이 첨가물로 사용되는 사례가 적지 않기 때문이다.

그러나 첨가물이 아무리 나쁘다고 해도 우리는 틀림없이 그 물질을 통해 혜택을 누리는 부분이 있다. 집에서 직접 만들려면 두 시간이나 걸리는 음식도 가공식품을 이용할 경우 5분이면 족하다. 편의점이나 마트에서 언제든 간편하게 부담 없는 가격으로 원하는 식품을 구입할 수 있다. 변질되기 쉬운 식품들도 신기하게 오랜 기간 보관이 가능하고 맛도 더 좋다. 바쁠 때나 피곤할 때, 가공식품에 의존하면 간단하고 편리하게 식사를 해결할 수 있다. 이런 저렴함이나 간편함은 첨가물이 제공한다고 해도 틀린 말이 아니다.

모든 사물에는 빛과 그림자가 공존하게 마련이다. 빛을 즐기려고 하면서 그림자를 탓하는 것은 모순이다. 게다가 그런 모순된 발상은 문제 해결에 도움이 안 된다. 현실적으로 보더라도 오늘날과 같은 가공식품 만능사회에서 첨가물을 완전히 배제하기란 불가능하다.

이런 현실을 감안할 때 '첨가물은 독' 이라든가 '무조건 배척해야 할 물질' 이라는 사고는 옳지 않다고 본다. 그것은 나무만 보고 숲을 보지 못하는 우매한 일일 수 있다. 첨가물 문제야말로 유연한 시각으로 접근해야 할 대상이다.

식품의 이면을 고발하는 최초의 책

내가 가장 중요하게 생각하는 것은 첨가물에 대한 정보 공개다. 첨가물 세계에는 소비자에게 보이지 않는, 그래서 일반 소비자는 쉽게 알 수 없는 많은 그림자가 있다. 가공식품을 만드는 현장은 여간해서 소비자가 접근할 수 없는 곳이다. 사실 어떤 식품에 어떤 첨가물이 어느 정도 사용되는지 알 수가 없다.

그러나 식품을 선택하는 사람은 소비자다.

"그런 식으로 만든다면 안 먹고 말겠어."

"좀 비싸더라도 무첨가 제품이 좋아."

"안전한 것이 좋긴 하지만, 그래도 싼 쪽을 택할래."

"첨가물에 별 관심 없어. 신경 쓰지 않겠어."

이처럼 소비자 가운데에도 여러 부류가 있다. 어느 쪽을 선택할지는 소비자 각자의 자유다. 다만, 그 선택을 위해서는 있는 그대로를 정확히 알아야 한다. 사실을 알지 못하는데 어떻게 판단할 수 있는가?

하지만 현실은 참모습을 알기가 쉽지 않다. 정보가 거의 가려져 있기 때문이다. 이 책은 그 가려진 부분을 파헤치는 최초의 식품 고발서다.

나는 과거에 식품첨가물 회사에 근무했다. 내가 했던 일은 첨가물 영업으로, 첨가물이 사용되는 현장을 눈으로 직접 봐왔다. 책상 앞에 앉아서는 결코 알 수 없는, 오직 발로 뛰어야만 익힐 수 있는 첨가물의 참모습을 오랜 기간 보아온 업계의 '산 증인'이다.

그러던 어느 날 나에게 우연한 일이 벌어졌다. 그 일로 인해 나는 회사를 그만두게 되었다. 그 후로 나는 '첨가물 반대 전도사'로 변신했다. 자랑은 아니지만 나의 이야기가 이해하기 쉽다는 평을 듣고, 아울러 재미있다는 평도 듣게 되면서 지금은 전국을 돌며 강연 활동을 펼치고 있다.

요즘 나는 두 가지 측면에서 제법 무거운 책임을 느낀다. 하나는 의외로 첨가물에 대해 관심을 가진 사람이 많다는 점이고, 다른 하나는 그러면서도 첨가물이 어렵다고 호소하는 사람이 많다는 점이다. 후자는 첨가물 이름이 복잡하다든가 독성 리스트를 암기하기가 힘들다는 경우가 대부분이다.

나는 앞으로 더욱 열심히 이 일에 매진할 계획이다. 나의 경험을 최대한 살려 '첨가물 전도사' 로서 더 쉽고 재미있게 식품의 이면에 대한 이야기를 전파하고자 한다.

이 책의 특징은 쉽게 읽을 수 있다는 점이다. 어려운 독성 정보나 화학기호 등은 일절 쓰지 않았다. 가볍고 재미있게 읽어주기를 기대한다. 그렇다고 읽고 난 소감까지 가벼워서는 안 된다. 식품 소비자로서 식생활에 대한 명확한 비전을 세워야 한다. 아무쪼록 이 책이 많은 분들의 선택에 도움이 되기를 바라 마지않는다.

차 례

머리말 5
프롤로그 16

1장 식품첨가물이 무차별 남용되는 가공식품들

삼총사 식품 • 47
돼지고기 100킬로그램이 햄 130킬로그램으로 • 47
오늘도 푸딩햄을 선택하셨나요 • 50
사소한 의문이 해결의 실마리 • 51
절임식품이 싱거워진 사연 • 52
매실의 탈을 쓴 첨가물 덩어리 • 54
저염 제품의 수혜자는 • 55
할머니 단무지의 시련 • 58
저급 명란젓이 일순간에 최고급품으로 둔갑 • 59
명란젓은 화학물질의 보고 • 61
20가지가 넘는 첨가물을 한 번에 먹으면 • 62
무색소 명란젓 • 64

2장 가짜로 얼룩진 부엌의 맛

세일하는 간장은 왜 쌀까 • 69
모조 간장의 맨얼굴 • 70
1,000엔과 198엔의 차이 • 72
순쌀미림과 미림맛 조미료 • 74
청주清酒의 재료는 • 76
알코올 첨가 청주 • 77

순미주 하나가 청주 열 개로 · 78
가격에 현혹되지 말아야 · 81
식염에도 속임수가 · 82
조작된 바다의 맛 · 83
식염 정보 반드시 공개돼야 · 85
식초와 설탕에도 가짜가 있다 · 86
붕괴되어가는 현대인의 식문화 · 87
어린아이들의 입맛이 왜곡되고 있다 · 88

3장 베일에 싸인 첨가물 세계

커피 크리머의 정체 · 93
물, 기름, 화학물질이 크리머로 환생 · 95
표시 기준의 맹점 일괄표시 · 97
화학조미료 표기에 담긴 비밀 · 100
눈 가리고 아웅하는 일괄표시 제도 · 102
또 다른 맹점 표시 면제 · 104
식품업계도 정보를 공개해야 · 109

4장 오늘 내가 먹은 식품첨가물

과잉 섭취를 피할 수 없는 현실 · 113
미혼 샐러리맨 N씨의 하루 · 114
매일 수십 가지의 첨가물이 입으로 · 119
주부의 식생활은 괜찮을까 · 120
주부가 총각보다 더 심각해 · 126

5장 왜곡되어가는 아이들의 미각

라면 스프의 비밀 • 131
맛을 구성하는 물질은 한통속 • 133
화학조미료 사용이 계속 느는 사연 • 136
천연 육수에도 화학조미료가 • 137
단백가수분해물의 정체 • 138
맛의 마술사 단백가수분해물 • 141
단백가수분해물은 안전한가 • 142
아이들의 입맛이 왜곡되는 사연 • 143
과연 천연의 맛일까 • 144
아이들의 경계대상 1호 단백가수분해물 • 146
마법사의 음료 • 147
아이들의 인기 당류 액상과당液狀果糖 • 150
건강에는 치명적 • 151
솔깃해진 엄마와 아이들 • 154

6장 식생활의 미래를 위해

다시 생각해봐야 할 첨가물 문제 • 159
첨가물을 통해 누리는 혜택 • 161
식품첨가물은 악의 축인가 • 163
첨가물 박사가 될 필요는 없어 • 164
식품첨가물이란 부엌에 없는 것 • 167
표기 내용 이해하기 • 168

첨가물 만능 시대를 살아가는 5가지 제안 • 169
부엌에 있는 것들도 재고해봐야 • 176
식생활이 서야 나라가 선다 • 178
음식의 고귀함을 모르는 아이들 • 179
음식 속에는 자연의 생명이 • 180
음식을 경시한 대가 • 182
부모가 요리하는 모습을 자주 보여줘야 • 184
식생활 교육은 길게 봐야 • 185
요리에 참여시키는 것도 좋은 식생활 교육 • 188
왜곡된 미각은 돌아온다 • 190
아빠도 가사에 적극 임해야 • 191
또 하나 필요한 도덕적 기준 • 193
알아주는 소비자는 꼭 있다 • 195
무첨가, 핑계가 되면 안 돼 • 198
소비자도 책임져야 • 199
4명 가운데 3명의 의미 • 201
작은 행동들이 모여 큰 변화가 • 204

에필로그 206
옮긴이의 글 210
아베식 첨가물 분류표 214

최고의 첨가물 실력자를 꿈꾸며

이야기는 30년 전으로 거슬러 올라간다. 대학을 졸업한 나는 한 식품첨가물 전문 회사에 입사했다. 나의 업무는 첨가물 영업이었고, 가공식품 회사 또는 공장, 식품가게 등이 나의 거래처였다.

신입사원 시절, 가장 먼저 나의 흥미를 끈 것은 첨가물의 화학기호였다. 아질산나트륨, 소르빈산칼륨, 글리세린지방산에스테르, 파라옥시안식향산이소부틸……. 화학을 전공한 나에게 화학기호 자체는 낯설 것이 없었으나 그 용도가 사뭇 신기했다.

'아니, 이런 물질까지 식품에 들어가나?'

그러나 당시 나를 놀라게 한 것은 정작 따로 있었다.

처음 식품공장을 견학했을 때의 일이다. 거무튀튀하고 썩은 듯 흐물흐물한 명란젓, 이것이 첨가물 수조에서 하룻밤만 지내면 갓난아기 피부처럼 뽀얗고 탱탱한 고급품으로 탈바꿈한다. 첨가물에 이런 기능이!

단무지는 어떤가. 허옇게 바래고 쭈글쭈글해서 도저히 먹을 것이 못돼 보이지만, 일단 첨가물통만 거치면 노란색의 맛깔스러운 단무지로 변신한다. 살짝 씹어보면 오독오독 소리가 나는 것이 촉감조차 일품이다. 게다가 첨가물을 사용하지 않은 놈에 비해 얼마든지 짠맛을 줄일 수 있다. 모름지기 짜지 않은 음식이 건강에 좋은 법. 나는 첨가물의 이런 신기한 역할에 한없는 찬사를 보냈다.

'첨가물은 마법의 가루! 그 신통함이란……. 좋아! 이 분야에서 최고가 되는 거야. 신기한 마법의 가루를 가장 많이 파는 사람이 될 테다.'

사회 초년생인 나는 힘차게 목표를 세웠고, 목표 달성을 위한 청사진을 그리고 있었다.

기상 시간은 아침 4시, 먼저 어묵 공부부터

첨가물 판매왕이 되기 위해서는 현장 공부가 급선무다.

'먼저 철저한 현장주의자가 되자.'

나의 청사진을 실현하기 위한 첫 번째 항목은 비장하고 간명했다. 그것은 곧 행동으로 옮겨졌다.

'앞으로 새벽 4시에 일어난다. 일어나자마자 곧장 어묵 공장으로 직행하는 거야!'

식품 공장의 아침은 유독 이르다. 그곳에서 아무 일이나 돕는 것이다. 현장 직원들 틈에 섞여 일하다보면 어묵 제조에 대한 기본 지식이 저절로 익혀질 것이다.

한바탕 일하고 나면 사무실 출근 시간이 된다. 아무 일도 없었다는 듯 사무실로 향하는 나. 아침 회의 때면 "어, 오늘은 웬 생선 비린내지?" 하며 고개를 갸우뚱하는 동료들의 모습도 보곤 했다. 행여 들통이 나면 어쩌나 걱정도 했다.

이런 식으로 현장 공부를 하다보니 어떤 식품에 어느 첨가물이 들어가는지 몸으로 익힐 수 있었다. 그리고 무엇보다 업계 사람들과 인간관계를 좋게 만들어갈 수 있었다.

"이 제품은 다 좋은데 말이지, 변질 문제 때문에 골치야."

면 제품을 생산하는 한 영세업체의 간부가 혼자 고민하고 있었다. 이런 푸념은 거래처에서 한두 번 듣는 것이 아니다.

"좋은 방법이 있는데요. 프로필렌글리콜을 써보시지요. 금방 달라질 겁니다. 여기에 pH조정제를 같이 써주면 효과가 더욱 좋아지죠."

혹시 놓칠세라 즉석에서 나는 이렇게 대답한다. 첨가물을 팔 수 있는 절호의 기회인 것이다. 물론 소비자 건강은 안중에도 없는 발언이다.

"그래? 자네 얘기라면 한번 시험해봄세."

좀처럼 남의 이야기에 귀를 기울이지 않던 사람도 이제 내 제안이라면 흔쾌히 따라준다. 다짜고짜 자기 물건을 써달라며 막무가내로 매달리는 일반 영업 방식과는 크게 다르다.

'서비스의 양보다는 질을!'

내가 철저히 신봉하는 영업 철학이었다.

마법의 약
식품첨가물 >>

나는 만두피를 생산하는 공장장과도 친해졌다.

"만두피가 자꾸 기계에 달라붙는데 무슨 좋은 방법이 없을까? 하루에도 몇 번씩 기계를 세워야 하니 말야."

"그거, 유화제 쓰면 돼요. 작업이 훨씬 쉬워질걸요. 반죽도 촉촉하고 좋아요. 또 증점제를 넣어주면 만두피에 탄성이 생기지요. 두 가지를 같이 쓰시는 것이 좋을 겁니다."

"음, 좋겠군. 한번 써봅시다."

다 내가 자주 드나들며 사귀어놓은 대가였다. 이런 식으로 벌써 네 품목이나 실적을 올리고 있었다. 물론 소비자 건강 측면에서는 역행하는 일이었지만.

며칠 후 다시 찾아가보니 공장장이 싱글벙글하고 있었다.

"야! 그 약 신기하네. 그 후로는 한 번도 기계를 세운 적이 없어."

내 영업은 순풍에 돛을 달고 있었다.

기술을 짓밟는 마魔의 물질 >>

시간이 지남에 따라 나의 영업 방식은 더욱 교묘해졌다. 거래처에 첨가물을 더 쓰도록 유도하는 이른바 '양동 작전'이 도입됐다.

어느 분식집에서의 일이다. 수작업으로 만드는 면이 일품이어서 손님들로 늘 장사진을 치던 그 집이 드디어 분점을 내기로 했다. 분점을 내는 데 가장 중요한 요소는 면을 만드는 기술자였다. 어떻게 사람을 키울 것인가. 주방에 오래 있던 젊은 친구에게 기술을 가르쳐보려고 했지만 생각만큼 따라주지 않았다. 면을 뽑는 기술 역시 오랜 기간의 경험을 필요로 한다. 한두 번 보고 배운다고 익힐 수 있는 기술이 아니었다.

이때야말로 훈수가 먹혀들 찬스였다. 나는 고심하고 있는 주인에게 다가갔다.

"반죽에 글루텐을 넣어보시지요. 면에 탄력이 생기고 표면이 매끈해질 겁니다. 여기에 몇 가지 물질을 더 쓰면 상태가 훨씬 좋아집니다."

나는 유화제와 인산염 등 면발의 물성을 개선해줄 수 있는 첨가물 몇 가지를 더 소개해줬다. 사실 이런 물질들을 쓰면 기술이란 것이 필요 없다. 아무리 초보자라도 누구든 간단히 쫄깃쫄깃한 면을 뽑아낼 수 있기 때문이다. 물론 물성이 훨씬 좋아진다고 말하지만, 기술자의 손맛이 들어간 정통 면과 비교할 때 분명히 차이가 있다. 그러나 무심코 먹는 일반인들이 그 차이를 발견하기란 쉬운 일이 아니다. 이런 때는 첨가물이 영락없이 소비자를 기만하는 물질임에 틀림없다.

다음 나의 타깃은 스프였다.

"요즘이 어느 땐데 스프를 가게에서 일일이 만들어요? 스프 공장에서 받아쓰세요. 캔으로 공급되기 때문에 깨끗하고 편리하지요. 게다가 원가도 훨씬 적게 먹힙니다."

즉시 그 집의 전통 맛을 모방한 '가짜 스프' 개발이 착수되었고 곧 완성됐다. 화학조미료나 산미료와 같은 첨가물들이 대거 동원된 것은 두말할 나위가 없다.

"공장 스프는 농축된 상태로 들어옵니다. 열 배로 희석해서 사용하십시오. 똑같은 맛을 낼 겁니다."

주인은 싱글벙글하며 크게 만족하고 있었다. 앞으로는 더 이상 반죽을 밀 이유가 없게 되었고 손바닥에 박이는 굳은살을 염려할 필요도 없었다. 스프도 캔만 따서 물과 섞으면 간단히 만들어진다. 모두가 첨가물의 신기한 효능 덕이다.

더불어 면을 삶는 솥에도 첨가물을 넣을 것을 권했다. 산미료 같은 산성 물질을 첨가하면 조용히 끓어오르기 때문에 뚜껑 부위가 전혀 지저분해지지 않는다.

이제 주인은 야심 차게 분점 계획을 추진할 수 있게 되었다. 모든 걸림돌이 제거됐기 때문이다. 2호점, 3호점이 속속 들어섰다. 나의 영업 실적 역시 저절로 올라가고 있었고, 나는 뒤에서 회심의 미소를 짓고 있었다.

장인 정신의 퇴장과 첨가물 어묵의 등장 >>

이번에는 한 어묵 공장의 사례를 보자. 사장은 새벽 3시에 일어나 시장을 본다. 생선을 구입하는 것은 물론 다듬고 으깨어 찌는 일까지 사장이 직접 한다. 어묵의 품질은 생선에 달려 있게 마련, 그러나 마음에 드는 생선을 구입하는 일이 생각처럼 만만치 않다. 시장에는 늘 일정한 놈들만 나와 있는 것이 아닌데다 특히 지방 함량이 그때그때 변하기 때문이다.

생선의 품질은 어묵 레시피recipe에 직접적인 영향을 미친다. 보통 생선 상태를 보면서 다른 재료들을 가감해나가는데, 그 비율이 교과서처럼 딱딱 들어맞지 않는다. 모두 경험에서 우러나오는 기술적인 감각으로 해결한다. 하다못해 식염 사용량까지 세심한 주의를 요한다.

경영자이자 기술자인 사장은 오래 전부터 어묵 기술을 연마해온 숨은 실력자다. 자신의 기술을 바탕으로 그동안 정직하고 성실하게 어묵을 만들어왔다. 그런 그가 어느 날 나에게 이런 고민을 털어놨다.

"결국 원가가 문제야. 거래 점포들이 늘 가격 타령이나 하고 있으니……. 싸게 밀어낼 수 있는 제품을 만들어달라고 하는데 도무지 방법이 없어."

나에게 또 기회가 찾아온 것이다. 당시에는 냉동어육이 수입되어 들어오고 있었다. 나는 그것을 쓰도록 유도했다. 그 제품은 아예 어육을 으깬 상태로 포장해놓았으니 편리한 점이 한두 가지가 아니다. 물 좋은 국산 생선을 찾기 위해 아침 일찍 일어날 이유가 없고, 뼈를 바르는 데 들이는 품도 줄일 수 있다.

그런데 문제는 냉동 수입어육의 맛이다. 마른 무를 씹을 때처럼 맛이 무미건조해서다. 어떻게 기존 어묵의 감칠맛을 줄 것인가. 첨가물이 그 해결사다. 화학조미료나 단백가수분해물 등이 거침없이 투입됐다. 결과는 물론 대성공! 거의 구분할 수 없을 정도로 유사한 맛을 낼 수 있었다.

"냉동육을 쓰는 건 좀 걸리는데……."

"이젠 양으로 승부하셔야 합니다."

"그래도 우리 집의 명예가 걸린 문제라서."

"시대가 변했어요. 그런 전근대적인 방법을 아드님한테까지 물려줄 작정이십니까?"

사장은 처음엔 내키지 않았는지 선뜻 따라주지 않았지만, 나의 '협박성 설득'이 주효하여 결국 손을 들고 말았다. 그것은 어묵 기술자 한 사람이 역사 속으로 사라졌음을 의미했다. 면면히 이어온 장인 정신은 이렇듯 첨가물 앞에서 추풍낙엽이 되었다.

새로운 식문화의 기수, 식품첨가물 >>

첨가물의 힘만 빌리면 누구든 손쉽게 그럴싸한 음식을 만들 수 있다. 첨가물이 있는 자리에서 '기술' 이라는 단어는 전근대적인 의미를 갖는다. 첨가물이 내걸고 있는 '합리화' 라는 기치가 누구에게든 수용될 수 있었던 것도 그 때문이다.

그러나 비정상적인 합리화에는 반드시 반대급부가 따르게 마련이다. 그것은 장인 정신의 위기 또는 식품 기술의 붕괴로 나타났다. 첨가물의 화려한 효능은 알고 보면 기술자의 혼을 유린하는 '파괴자' 였다.

나는 당시 첨가물의 부정적인 측면에 대해 한 번도 생각해본 적이 없었다. 생각해본 적이 없었다기보다 오히려 첨가물을 앞세워 새로운 식문화를 개척해보자는 일념에 불타고 있었다. 첨가물의 신기한 기능을 모르는 기술자는 나에게 한심한 사람이었다. 그들에게 새로운 세계를 알리는 것이 나의 사명이었고 직업이었다. 그리고 그 과업은 기대 이상으로 순항하고 있었다.

회사에서 나는 자타가 공인하는 판매왕이었다. 내 사전에는 성장이라는 단어밖에 없었다. 그것도 매년 두 배 가까운 큰 폭의 성장이었다. 나는 늘 열정에 넘쳐 있었으며 신바람 나게 일했다.

"이런 제품을 구상하고 있는데 첨가물이 마땅치 않소. 새로운 첨가물을 좀 개발해주겠소?"

가끔 거래처에서 듣는 얘기다. 거래처와 깊은 신뢰 관계가 형성되니 자연스럽게 신제품 개발 의뢰가 들어오곤 했다. 발효식품, 스낵, 햄버거, 주스, 인스턴트 라면 등 거래처의 주요 신제품에는 거의 빠짐없이 내가 개발한 첨가물이 들어갔다. 당시 내가 근무했던 회사는 영업지점도 설립했다. 나는 그 지점에 홀로 부임하여 거래처들을 개척했고, 어엿한 중견 사업장으로 성장시키기도 했다.

언젠가 신규 조미료를 개발했을 때의 일이다. 농축액을 기초 원료로 만든 조미료였는데, 그것을 사용한 거래처의 신제품이 크게 히트를 쳤다. 첨가물 하나 잘 선정한 덕분에 그 회사는 대약진을 한 셈이다. 사장이 눈물을 글썽이며 나에게 고마워하던 모습이 지금도 새롭다. 그 사장은 당시 이런 말까지 해서 나를 당혹스럽게 했다.

"우리 회사에 당신의 동상을 세우고 싶어요."

식품첨가물의 살아 있는 신화 >>

'움직이는 첨가물 사전.'

'식품첨가물의 살아 있는 신화.'

언제부턴가 나에게 이런 별명이 붙었다. 그리고 나는 주변의 식품 기술자 또는 업계 종사자들로부터 '문제 해결사'로 통하게 되었다. 어려운 문제에 봉착하면 가장 먼저 나를 떠올린다고 했다.

실제로 많은 사람들이 나에게 상담을 요청해왔다. 나와 비즈니스가 있고 없고는 상관이 없었다. 나 역시 첨가물과 관련된 문제라면 누구에게라도 즉석에서 답할 수 있었다. 명실 공히 '만능 첨가물 상담사'였다.

하루는 어떤 업체에서 울먹이며 찾아왔다.

"중국에서 연근을 수입했는데요, 가격이 좋아서 좀 많이 들여왔거든요. 그런데 이게 웬일입니까. 전부 시커멓게 변해 있지 뭡니까. 어떻게 방법이 없을까요?"

이런 문제는 첨가물을 쓰면 간단히 해결될 일이었다.

"표백을 하세요. 그래서 진공포장하면 돼요."

나는 즉석에서 표백제를 공급하고 사용법을 알려주었다. 또 진공포장과 멸균법, 변색을 막아주는 첨가물 상식 등을 일러주었다.

그런데 그로부터 며칠이 지난 어느 날 밤, 요란한 전화소리가 잠자리에 든 나를 깨웠다. 그 회사에서 걸려온 전화였다.

"지난번 그 연근 말인데요! 큰 문제가 생겼어요. 빨리 좀 와줄래요?"

전화 속의 음성은 당황하는 기색이 역력했다.

"무슨 일이죠? 표백이 잘 안 됐나요?"

"아닙니다. 표백은 잘됐어요. 그런데 진공포장을 해서 매장에 진열해 놨더니 한 귀퉁이부터 썩기 시작하는 거예요. 지금 슈퍼에서 당장 가져가라고 난리예요!"

다급하게 늘어놓은 그의 이야기를 정리해보면 이렇다. 썩긴 썩었는데 그 썩은 모양이 이상하다. 흐물흐물하게 무른 놈이 있는가 하면, 누렇게 변한 놈도 있고, 어떤 것은 시커멓게 되어버렸다. 똑같이 탈색해서 포장했는데, 개중에는 또 멀쩡한 것도 있으니 도무지 영문을 모르겠다는 것이다.

"그건 내가 가고 말고 할 일도 아니네요."

나는 겨우 안심하고 하품을 하며 대답했다.

"가열 처리 방법이 잘못됐기 때문이에요."

이런 진공포장 제품을 살균할 때는 90℃에서 30분이 기본이다. 이 원칙을 지키지 않으면 열 전달이 들쑥날쑥해져서 90℃까지 채 올라가지 못하고 출하되는 것들이 생기게 된다. 개중에는 물론 온도가 충분히 올라간 놈도 있어서 그것들은 멀쩡한 것이다.

나는 가열 살균할 때 지켜야 할 수칙을 다시 한 번 설명해줬다. 그 다음부터는 정확하게 시행했는지 두 번 다시 전화가 없었다.

그리고 얼마 후 그가 찾아왔다.

"그때는 정말 막막했는데……, 뭐라고 감사의 말씀을 드려야 좋을지 모르겠어요. 하나도 버린 것 없이 모두 팔아치웠습니다."

그는 굽실굽실하며 연방 고마워했다.

한 번도 생각해보지 않은 위험성 >>

식품첨가물이란 무엇일까. 그야말로 마법의 가루다.

"식품의 보존 기간을 늘려주지요."

"원하는 색상을 내줍니다."

"품질을 향상시킵니다."

"맛을 좋게 하지요."

"비용을 절감시켜줍니다."

첨가물에 대한 신앙적인 찬사, 그것이 평소 나의 '첨가물관' 이었다. 나는 늘 이런 말들을 거래처에 들려주곤 했다.

첨가물은 그야말로 미다스의 손이다. 그것만 있으면 기술이란 것이 무의미해진다. 공장에서 생길 수밖에 없는 많은 고민거리들이 물거품처럼 사라진다. 물론 원하는 품질은 충분히 갖춘 상태에서 말이다. 첨가물은 나의 둘도 없는 자부심이었다.

하지만 빛이 있으면 그림자도 있게 마련, 편리함이라는 그럴듯한 빛 뒤에는 길고 진한 그림자가 드리워져 있었다. 인체에 미치는 치명적인 해악, 이를테면 독성이 그것이었고, 나아가 우리 식탁을 붕괴시킨다는 사실도 큰 위협이었다.

미리 고백컨대 나 역시 첨가물의 위험성에 대해 잘 알고 있었다. 1,500가지가 넘는 첨가물들을 구구단 외듯 술술 암기하고 있었던 나는 그 물질들의 위험성은 물론 사용 기준까지 시험을 본다면 만점을 맞을 정도로 상세히 꿰뚫고 있었다.

하지만 그게 바로 '탁상공론'이 아니었을까. 당시 나는 영업 현장에서 그 물질들의 그림자를 한 번도 생각해본 적이 없었다. 지금부터 천천히 얘기해나가겠지만, 그 문제는 나와는 전혀 상관이 없는 일이었다. 오히려 첨가물은 우리 식생활에 필요 불가결한 물질이라는 생각에 젖어 있었고, 식품회사뿐 아니라 기술자들에게도 어려움을 해결해주는 구세주 같은 존재라고 나름대로 평가하고 있었다. 그 일을 하고 있는 나는 식품산업의 발전에 큰 공헌을 하고 있음에 틀림없었다.

그러던 어느 날, 나의 인생을 크게 뒤흔드는 한 사건이 발생했다.

미트볼 사건 >>

그날은 큰딸의 세 번째 생일이었다. 당시 나는 회사 일에 푹 빠져 귀가 시간이 거의 매일 자정을 넘기기 일쑤였다. 집에서 식사를 한 적이 한 번도 없었던 것으로 기억된다. 하지만 딸아이 생일이니 그날만큼은 일을 미루어놓기로 했다. 일찍 마무리하고 집에 들어갔다.

식탁에는 아내가 준비한 생일 음식들이 가득했다. 그 가운데 내 시선을 끈 것은 미트볼meatball. 미키마우스가 앙증맞게 디자인된 나뭇개비들이 하나하나 꽂혀 있었다. 식탁에 앉은 나는 무심코 미트볼 한 개를 집어 입에 넣었다. 순간 내 몸이 돌처럼 굳었다. 그 미트볼은 내가 직접 개발한 제품이라는 사실을 단번에 알아차릴 수 있었다.

나는 100가지 정도의 첨가물을 맛으로 식별할 수 있었다. 다른 첨가물과 섞여 있지만 않다면, 설사 식품 속에 들어 있다손 치더라도 혀로 알아맞힐 수 있다. 그다지 권장할 만한 직업은 못 되지만 말하자면 '첨가물 소믈리에' 라고 할 수 있겠다. 편의점에서 구입한 도시락을 먹을 때도 "이 햄은 인산염이 좀 많이 들어갔군", "어? 여기에도 글리신을 썼네"라고 나도 모르게 채점을 하곤 한다.

그날 먹은 미트볼에서는 화학조미료, 증점제, 유화제 등의 맛이 진동했다. 모두 내가 공급한 첨가물들이다.

"이거 산 건가? △△회사 제품 같은데, 봉지 좀 보여줄래요?"

내가 불쑥 묻자 아내는 포장지를 꺼내며 대답했다.

"맞아요. △△식품 거예요."

틀림없었다. 내가 직접 개발한 제품이었다. 미키마우스 나뭇개비가 꽂혀 있고 아내가 만든 소스에 버무려져 있어 외관으로는 선뜻 알아차리지 못했을 뿐이었다.

"값도 싸구요, 애들이 굉장히 좋아해요. 이것만 꺼내놓으면 서로 먹으려고 난리예요."

과연 딸애는 물론이고 아들놈까지 미트볼을 입 안 가득 물고 맛있다는 듯 오물오물 씹어 삼키고 있었다.

"저, 저, 잠깐, 잠깐!"

순간 내 몸에 소름이 끼치는 듯했다. 나도 모르게 손이 나가 미트볼 접시를 막았다. 돌발적인 아빠의 행동에 어리둥절해하는 가족들의 표정이란!

첨가물 범벅의 저급 자투리 고기가 미트볼로 환생 >>

그 미트볼은 한 대형마트의 기획상품이었다. 얼마 전 거래 회사로부터 의뢰받고 개발한 제품이었다. 그 회사는 잡육雜肉을 싼 가격으로 대량 들여오게 됐다고 했다. 잡육 가운데서도 그 고기는 최하품이었다. 소뼈를 깎아 모은, 고기라고도 말할 수 없는 저급품이었다. 보통 그런 잡육은 애완견 사료로나 쓴다.

"이 고기들 좀 어디 쓸 데가 없을까?"

그 회사에서 나에게 아이디어를 물어왔다. 대충 살펴보니 이미 흐물흐물해져 물이 질질 흐르는 것이 도저히 먹을 상태가 못 됐다. 이런 고기는 저며서 쓰기에도 마땅치 않다. 왜냐하면 일단 맛이 없기 때문이다. 그러나 분명 쇠고기는 쇠고기다. 값이 아주 싼 '싸구려 쇠고기'다.

'이걸 어디에 쓴담?'

다행히 내 머릿속에는 이미 복안이 떠오르고 있었다.

우선 폐계廢鷄를 구한다. 폐계는 계란 생산이 끝난 닭이니 가격이 쌀 터다. 폐계육을 저며서 섞으면 양이 늘어나는 효과도 있다. 하지만 육질이 질겨질 것이다. 그래서 반드시 넣어야 할 첨가물이 대두단백. 이 물질은 '인조육' 이라고도 부르는데 싸구려 햄버거에 거의 필수적으로 사용된다.

이렇게 해서 대략 제품 틀이 잡히면 이제 맛을 내야 한다. 맛을 내기 위해서라면 두말 할 것도 없이 화학조미료와 향료를 쓴다. 여기에 적합한 향료는 동물성 향료로서, 보통 비프 농축액을 쓰는 것이 일반적이다. 아울러 씹을 때 매끄러움을 주기 위해 라드와 변성전분을 넣고, 공장의 기계 작동을 원활하게 하기 위해 증점제와 유화제를 넣는다. 또 먹음직스런 색깔을 내기 위해 색소를, 보존 기간을 늘리기 위해 보존료 · pH조정제 · 산화방지제 등을 쓰는데, 이때 산화방지제는 색상을 바래지 않게 하는 효과도 있다.

이런 작업을 거치면 비로소 미트볼이 완성된다. 다음은 소스와 케첩이다. 소스와 케첩 역시 원가가 가장 중요한 만큼 시판되고 있는 일반 제품은 사용할 수 없다. 어떻게 값싸게 만들 것인가. 우선 빙초산을 희석해서 캐러멜색소로 색을 낸다. 여기에 화학조미료로 맛을 맞추면 그럴듯한 모조 소스가 만들어진다. 케첩도 마찬가지다. 토마토 페이스트에 색소로 색을 내고 산미료와 증점제 등을 넣으면 역시 모조 케첩이 완성된다.

이렇게 만든 소스와 케첩을 미트볼에 발라 진공팩에 넣고 가열 살균하면 완제품이 된다. 첨가물이 20~30종류는 사용되었을 것이다. 쉽게 말해 첨가물 덩어리라고 말할 수 있지만 원가를 줄일 수 있는 가장 확실한 방법이다. 산업폐기물이자 쓰레기 같은 고기, 여기에 첨가물을 무차별 투입해 만든 '식품 아닌 식품', 그것이 바로 오늘 내 딸과 아들이 맛있게 먹던 미트볼이었다.

첨가물로 빌딩을 사다 >>

내가 개발한 이 미트볼은 소비자가격이 팩당 100엔이 채 못 된다. 파격적인 가격이다. 원가는 20~30엔에 불과할 것이다. 비결은 물론 첨가물에 있다. 이 제품은 출시하자마자 대히트를 쳤다. 거래처 사장의 입이 늘 귀에 걸려 있을 정도로 판매 호조가 지속됐고, 제품 하나 잘 만들어 빌딩을 세우게 됐다는 말도 들렸다.

이 제품이 이처럼 '홈런 제품'이 될 수 있었던 것은 아이와 주부들에게 크게 어필했기 때문이다. 물론 개발 단계에서 노리던 바였다. 사용한 원료육은 맛으로나 외관으로나 도저히 먹을 것이 못 됐지만 첨가물의 신통한 효능이 단번에 해결했다. 두어 번만 씹으면 곧바로 삼킬 수 있는 부드러움이 아이들 인기의 원천이었는가 하면, 진공팩째로 전자렌지에 돌리기만 하면 조리되는 편리함이 주부들을 사로잡았다. 처음에 설계했던 모든 마케팅 컨셉트concept가 정확히 들어맞은 셈이었다.

판촉 활동에도 노하우가 숨어 있었다. 매장에서 시식 행사를 할 때는 항상 아이들이 좋아하는 분위기를 연출하기로 했다. 이를테면 시식용 미트볼에 꽂는 나뭇개비는 반드시 인기 캐릭터가 디자인된 것을 사용할 것, 모든 판촉 요원은 아이들 키에 맞춰 자세를 낮출 것, 시식을 권할 때는 아이들의 눈높이에서 이루어지도록 하되 엄마에게 사전에 양해를 구할 것 등이 그 세부 전략이었다.

엄마 손을 잡고 매장에 들어와 시식을 하는 아이들은 한결같이 좋아했다. 미트볼을 입 안 가득 물고는 맛있다는 말을 연발했다. 아이가 맛있다고 하면 엄마는 십중팔구 사간다.

'아무렴, 맛있고말고. 그 맛은 아무나 내는 게 아니지. 다른 데에선 아마 따라하지 못할 걸.'

만족스럽게 미트볼을 장바구니에 넣는 엄마와 아이의 뒷모습을 보며 나는 회심의 미소를 짓곤 했다.

나도 가족도 소비자였다

"아빠, 왜 미트볼 먹으면 안 되는 거야?"
미트볼을 개발할 당시의 일들을 멍하니 회고하고 있던 나에게 딸아이가 천진난만하게 물었다. 나는 퍼뜩 정신이 들었다.

"저…… 말이지. 아무튼 이건 먹으면 안 돼. 절대 안 돼!"

허겁지겁 접시를 치우며 윽박지르듯 대꾸하는 내 꼴에 순간 자괴감이 엄습했다.

고기 같지도 않은 고기지만 일단 첨가물의 신통력이 작용하면 멋진 미트볼로 환생한다. 내 아이들이 좋다고 먹는다. 그걸 먹는다는 것은 그 안에 들어 있는 폴리인산나트륨, 글리세린지방산에스테르, 인산칼슘, 적색3호, 적색102호, 소르빈산, 캐러멜색소 등을 먹는 것이다. 내가 가장 아끼는, 둘도 없는 내 분신들의 입 속에 그런 것들이 들어가다니! 피가 거꾸로 흐르는 듯 몸에 소름이 끼쳤다.

그때까지만 해도 그 미트볼은 나의 자부심의 상징이었다. 그 원료육은 그냥 두면 폐기될 것이 분명했다. 내 노력으로 인해 사랑받는 식품으로 거듭나지 않았는가. 이는 환경 측면에서도 높이 평가되어야 하거니와, 한 푼이라도 아끼려는 주부들의 입장에서는 더없는 축복이었다. 게다가 내가 사용한 첨가물은 모두 나라에서 사용해도 좋다고 허가해준 것들이 아닌가. 나는 식품산업의 발전에도 큰 몫을 하고 있는 사람임에 틀림없었다.

그러나 귀살쩍게도 허황된 나의 영혼을 크게 꾸짖는 것이 있었으니, 바로 '이 미트볼을 내 자식에게만은 먹이고 싶지 않다' 는 사실이었다.

'그렇구나. 나도 내 가족도 소비자의 한 사람이로구나!'

이제까지 나는 생산자 또는 판매자라는 편협된 사고의 굴레 안에 갇혀 있었다. 그러나 알고 보니 나는 구매자의 일원이기도 했다. 그 사실을 처음으로 깨달은 그날 밤, 나는 한숨도 잠을 이루지 못했다.

나는 최고의 첨가물 세일즈맨이 되겠다고 다짐했다. 첨가물을 파는 일은 나에게 직업 이상의 의미가 있었다. 첨가물을 통한 새로운 식문화 구현. 그것은 나의 꿈이자 시대적 사명이었다. 그런 야심 찬 목표가 정해진 나는 늘 의욕이 넘쳤다. 그러나 그 '시대적 사명' 이 크게 흔들리고 있었다.

첨가물에 대해서라면 거칠 것이 없는 나였다. 하루 24시간 생각하는 것이라곤 첨가물 영업뿐. 그런 나는 영업 실적이 오르는 것을 마치 게임을 하듯 즐기고 있었다. 기술자의 혼이 추풍낙엽처럼 떨어지는 현장에서 득의양양한 모습으로 말이다.

그때 불현듯 이런 생각이 들었다. 첨가물산업은 군수산업과 마찬가지가 아닌가. 첨가물을 팔아 돈을 버는 것이나 무기를 팔아 돈을 버는 것이나 다른 게 무엇인가. 인명을 담보로 한다는 점에서 두 산업은 빼닮았다. 또다시 등골이 오싹해졌다.

자기가 만든 제품을 먹지 않는 사람들 >>

첨가물에 대해 문제의식을 갖게 되면서부터 그동안 대수롭지 않게 받아넘겼던 일들이 새롭게 다가오기 시작했다.

"우리 공장에서 만드는 햄은 문제가 많아. 도저히 먹을 것이 못 되지."

어떤 공장의 공장장인 A씨는 자신이 만드는 기획제품을 놓고 이렇게 말했다.

"가격파괴? 뜻은 좋지요. 하지만 우리 제품은 사지 마세요."

한 피클 공장의 책임자인 B씨도 이런 말을 했다. 야채를 절인 상태로 수입해서 표백하고 합성착색료로 다시 색을 내기 때문이다. 스스로 '사기 제품'이라고 말한다.

앞에서 소개했던 연근 가공회사 사장 C씨도 마찬가지다. 그는 자신이 만드는 연근 제품은 절대 먹지 않는다고 했다. 연근이 들어올 때 보면 시커먼 색을 하고 있어서 마치 쓰레기처럼 보인다는 것이다. 하지만 일단 첨가물 처리만 되면 윤이 잘잘 흐르는 하얀 연근으로 탈바꿈한다. 내막을 아는 사람에게는 도저히 음식으로 보이지 않을 것이다.

생각해보면 이런 이야기는 수없이 들었다. 만두 공장의 D씨도, 두부 공장의 E씨도 자신의 공장에서 만든 제품은 먹지 않는다고 말했다.

전갱이를 말려서 가공하는 한 공장에서는 이런 사례도 있었다. 어떤 통신판매회사에서 사은행사의 일환으로 상품 카탈로그를 공장에 돌렸다. 인기 품목이 전갱이 가공식품이었는데 카탈로그에는 두 업체의 제품이 들어가 있었다. 공교롭게도 하나는 자신들의 공장에서 생산한 것이고 다른 하나는 친건강업체에서 생산한 것이었다.

어느 제품을 선택했을까. 모두들 친건강업체의 제품을 선택했다고 한다. 자신들이 만든 제품에는 첨가물이라는 이름의 백색가루가 들어 있음을 잘 알기 때문이다. 그 가운데에는 꽤나 자극적인 물질도 있었다. 제품을 생산할 때면 작업자들이 모두 콜록콜록 기침을 하며 힘들어했던 사실을 잘 알고 있다. 반면에 친건강업체에서 생산한 제품은 '무첨가품' 이었다.

공장의 작업자들은 대부분 전문지식을 가지고 있지 않은 사람들이다. 하지만 이상한 가루를 묻혀 만들고 있으니 본능적으로 거부감이 들었을 것이다. 비전문가들 역시 자신이 만든 식품은 먹지 않는다는 것을 보여주는 사례다.

회사에 사표를 내다 >>

첨가물에 대해서라면 누구에게도 뒤지지 않는다고 자부해온 나였지만, 가장 중요한 안전성은 철저히 무시했다. 소문에 따르면 내가 살고 있는 지역에 아토피성 피부염 환자가 유독 많다고 한다. 물론 주로 어린아이들인데 그 가운데 몇 천 분의 1은 내 책임이 아닐까. 아이들은 스스로 먹을 음식을 선택할 입장에 놓여 있지 않다. 부모가 주면 의심이고 뭐고 할 것도 없이 그대로 입에 넣는다. 불현듯 죄책감이 엄습했다.

하지만 한 가지 분명한 점은 내가 법을 위반한 것이 아니라는 사실이다. 나라에서 정해준 기준을 철저히 준수해서 첨가물을 사용해왔다. 사용량은 물론이고 사용 방법이나 라벨 표기에 이르기까지 지침을 어긴 것이 없다. 그렇다면 나는 떳떳한가? 문제는 바로 그것이었다. 죄책감이 여전히 나를 억누르고 있었다.

비록 늦긴 했지만 일단 알고 난 이상 일을 계속할 수는 없는 노릇이었다. 나에게 그토록 신바람을 불어넣던 열정이 사그라지더니 아예 회사에 출근할 의욕마저 없어졌다. 나는 차분히 내가 취해야 할 행동을 생각하고 있었다. 물론 고민이 없었던 것은 아니다. 톱 세일즈맨이었던 만큼 나는 보수도 제법 많았다. 가장으로서 앞으로 생활을 어떻게 꾸려갈 것인가. 하지만 결론은 '양심을 저버릴 수는 없다' 였다.

이튿날 나는 회사에 사표를 냈다.

첨가물
강연 의뢰가 쇄도

회사를 그만둔 후 나는 무첨가 명란젓을 만들기 시작했다. 시중의 명란젓은 아이들에게는 절대로 주면 안 되는 식품이다. 왜냐하면 첨가물이 터무니없이 많이 사용되고 있기 때문이다. 사실 명란젓은 첨가물 없이는 만들기가 쉽지 않다. 전문가들도 무첨가 명란젓은 존재할 수 없다고 말할 정도다. 그래서 나는 불가능에 도전하기로 했다. 첨가물을 쓰지 않고 명란젓을 만들어보는 것이다.

그러나 큰맘 먹고 시작은 했지만 막상 부딪쳐보니 어려운 일이 한두 가지가 아니었다. 비단 명란젓만이 아니고 가공식품 전체가 첨가물 없이는 존재할 수 없다고 말하는 것이 옳을 듯싶었다. 첨가물의 위력을 다시 한 번 통감해야 했다. 아울러 첨가물이라는 무기를 앞세워 전통의 식품 기술을 유린했던 과거의 내 행적에 대해 새삼 부끄러웠다.

결국 나의 도전은 성공을 거두었다. 무첨가 명란젓이 탄생한 것이다. 조금씩 판매도 할 수 있었다. 무첨가 제품 비즈니스를 새롭게 하면서 나는 주변 사람들과 자연스럽게 첨가물에 대한 이야기도 하게 되었다.

"재미있네요. 좀 더 들려주시죠."

"우리 회사에 와서 얘기해줄 수 없겠소? 더 많은 사람이 알아야 할 것 같아서."

나의 첨가물 이야기는 알음알음으로 전해지기 시작했다. 더 많은 사람들이 나의 이야기를 듣고 싶어했고, 활동반경을 넓혀나간 나는 어느덧 전국 방방곡곡을 돌며 강연을 하기에 이르렀다. 강연을 할 때면 나는 늘 과거의 경험담을 말해준다. 그것은 말이 경험담이지 실은 '악행惡行'이라고 표현하는 것이 옳다. 많은 사람들이 내 이야기를 경청해주었고, 그들의 열화와 같은 관심은 나에게 또 다른 사명의식을 던져주었다.

나는 식품첨가물의 실상을 누구보다 자세히 알고 있는 사람이다. 물론 첨가물의 독성이나 위험성 또는 사용법 등에 대해 전문적으로 연구하는 사람은 많다. 그런 점에 대해서라면 이 분야의 학자들이 나보다 훨씬 더 많이 연구했을 것이다.

하지만 현장 경험을 기준으로 생각하면 이야기가 달라진다. 식품첨가물을 사용하는 이유는 무엇일까, 그 물질을 사용하지 않기 위해서는 어떻게 하는 것이 좋을까 등의 현실적인 질문에 답변할 수 있는 사람은 흔치 않다. 나는 문제의 백색가루를 마구잡이로 남용하는 가공 현장을 몸으로 직접 확인했다. 그런 점에서 나는 어느 누구와도 차별되는 업계의 산 증인이다.

그렇다면 나에게 첨가물의 실상을 고발하라는 책임이 주어진 것이 아닐까. 과거의 행적은 지운다고 없어져버리는 것이 아니겠지만, 첨가물에 대한 나의 새로운 소회를 한 사람이라도 더 많이 알도록 한다면, 그만큼 나의 책임은 희석되지 않을까. 그것이야말로 시대적 사명이자 면죄의 길이 아닐까.

나의 머릿속은 산만하기 그지없었지만 할 일은 뚜렷했다.

소비자도 자유로울 수 없어 >>

우리에게 식품첨가물이란 무엇일까. 무조건 추방되어야 할 '공공의 적'일까. 그러나 생각해보면 반드시 그런 것만은 아니다. 우리는 많든 적든 틀림없이 첨가물의 혜택을 보고 있다.

일례로 식품의 원가 측면을 보자. 첨가물을 쓰면 원가가 내려간다. 원가가 내려간다는 것은 제조업체의 이익이 올라간다는 것을 뜻한다. 싸고 균일한 제품을 간편하게 만들어주는 첨가물의 기능 덕분이다. 굳이 기술을 동원하지 않고도 말이다.

이러한 혜택은 판매자에게도 마찬가지로 제공된다. 제품이 저렴하게 들어오면 슈퍼에서는 다양하게 특매행사를 실시할 수 있다. 특매행사는 고객을 더 많이 불러 모은다. 결과는 당연히 매출 확대로 이어진다.

이 혜택은 소비자에게도 그대로 전달된다. 외관이 아름다울 뿐 아니라 맛있고 간편한 음식을 값싸게 즐길 수 있다. 또 식품을 한꺼번에 구입해서 집에 쌓아놓아도 여간해서 변질되지 않는다. 음식을 준비할 때도 일반적으로 두 시간은 족히 투자해야 하나 이 경우에는 오 분이면 간단히 끝낼 수 있다.

첨가물이 베푸는 이러한 혜택은 언뜻 아무런 문제가 없어 보인다. 법을 위반한 것도 없으니 지극히 정상적인 경제 활동으로 받아들여진다. 그러나 당연한 것으로 느껴지는 그 혜택 뒤에는 치명적인 맹점이 숨어 있다. 무슨 일이든 본질은 여간해서 겉으로 드러나지 않는 법. 나쁜 일일수록 더욱 그렇다. 어떤 식품에 어느 첨가물이 얼마만큼 들어 있는 것일까. 이 기초적인 것조차 소비자는 알지 못한다. 그것이 모든 문제의 출발점이다.

"라벨 표기를 보면 다 알잖아."

우리는 흔히 이렇게 말한다. 그러나 유감스럽게도 라벨 표기는 우리의 알 권리를 충족시키지 못한다. 지금부터 천천히 이야기하겠지만 그곳에는 결코 눈에 보이지 않는 '이면裏面' 이 있다.

식품에 대한 100퍼센트 정보 공개!

이것이 내가 가장 힘주어 주장하고 싶은 말이다. 물론 식품첨가물이 최우선 대상이다. 정보 공개만 투명하게 이루어진다면 모든 문제는 해결되기 시작한다. 소비자의 가장 중요한 권리인 선택권이 발휘되기 때문이다. 그러나 현실에서는 그것이 불가능하다.

"그런 큰 회사가 몸에 좋지 않은 물질을 사용할 리가 있나."

"편의점에서는 해로운 식품을 팔지 않을 거야."

흔히 이렇게 생각하기 쉽다. 그러나 그런 안이한 생각이 상상을 초월할 정도로 많은 양의 첨가물을 먹게 만든다. 내막을 알면 도저히 먹지 못할 식품들, 모르기 때문에 아무렇지도 않게 먹는 식품들, 그런 식품 같지 않은 식품들이 얼마나 많나. 내가 문제 삼는 점은 바로 이것이다.

그렇다면 가공식품을 둘러싼 문제의 책임은 오로지 생산자와 판매자에게만 있는 것일까. 소비자는 자유로운 것일까.

나는 그렇게 생각하지 않는다. 다시 한 번 강조하건대, 싸고 편리하고 보기에 좋은 것만 추구하는 소비자에게도 일말의 책임이 있다. 소비자가 그런 식품을 원하기 때문에 생산자와 판매자는 부응할 수밖에 없다는 측면이 있기 때문이다. 생산자, 판매자, 소비자라는 삼자는 비록 입장은 다르지만 그런 점에서 첨가물을 용인하고 지지하는 셈이다. 다만 삼자 사이에 존재하는 정보의 비대칭성, 즉 모든 정보를 공유하지 못한다는 사실이 문제이긴 하지만 말이다.

우리가 늘 먹고 있는 식품이 어떻게 만들어지는지, 어떤 식품에 어떤 첨가물이 사용되는지, 그것이 '식품의 뒷모습' 이라고 말한다면 그 뒷모습을 아는 일은 바로 소비자의 의무이기도 하다. 왜냐하면 일단 알아야 선택권을 행사할 수 있기 때문이다. 이 책의 목적은 소비자에게 정확한 실상을 알리는 것이다. 나는 그것이 나의 사명이라고 생각하고, 앞으로 더욱 그 일에 매진할 각오다.

1장

식품첨가물이 무차별 남용되는 가공식품들

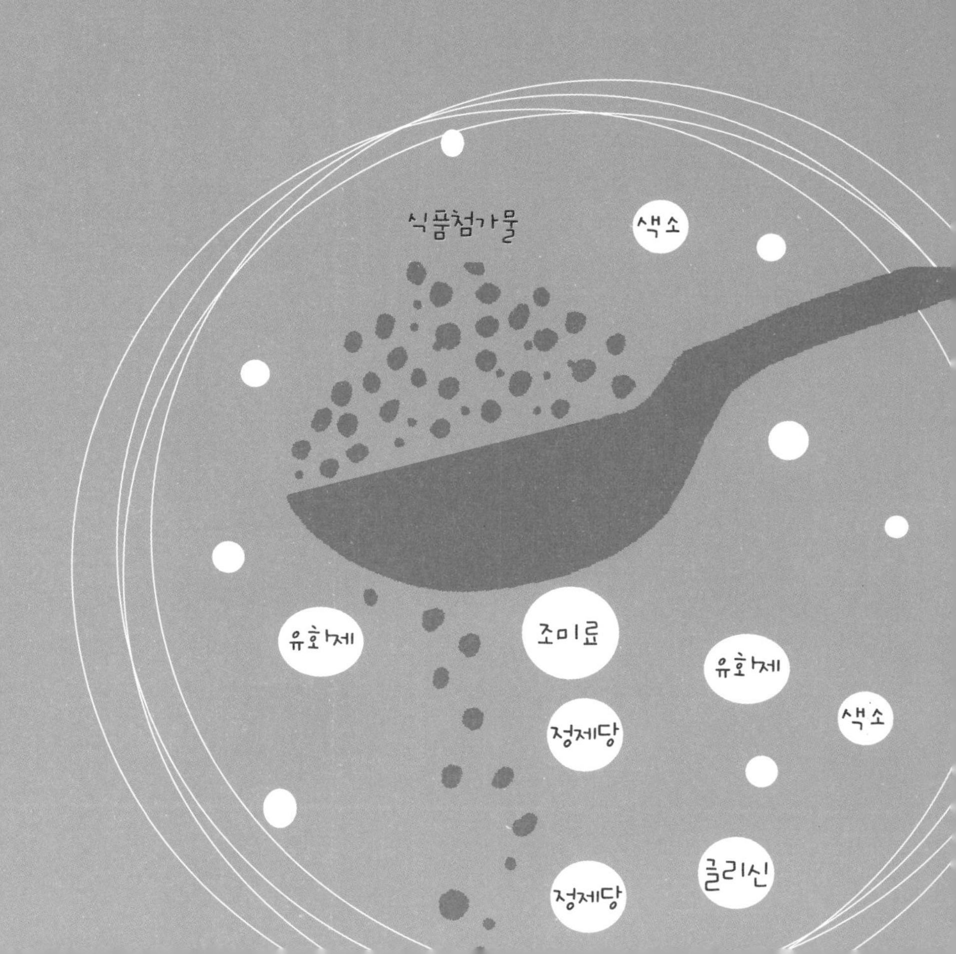

삼총사_식품__⊙

육가공품, 절임식품, 명란젓.

내가 첨가물 영업을 할 때 나의 가장 중요한 거래처는 이 세 종류의 제품을 생산하는 회사였다. 이 회사들은 한결같이 첨가물을 대량 구입해주는, 나에게는 그야말로 '황금알을 낳는 거위' 였다. 내 영업장부는 늘 이 회사들 제품이 채워주었다.

그렇다고 내가 가공식품 가운데 이 세 종류의 제품이 가장 유해하다고 말하는 것은 아니다. 이 제품들 외에도 첨가물을 대량으로 쓰는 식품들이 얼마든지 있기 때문이다. 다만, 첨가물 사용량 기준으로 구분할 때 단연 선두 그룹에 포진한다는 사실을 말하고 싶을 따름이다.

이야기를 좀 더 현실감 있게 진행하기 위해 먼저 이들 세 식품을 도마 위에 올리기로 하자. 이 식품들에 사용되고 있는 첨가물의 실태를 알고 나면 가공식품의 뒷모습이 비로소 보일 것이다. 바로 가공식품 문제의 전반을 파악할 수 있는 첫 단추라 할 수 있다.

돼지고기_100킬로그램이_햄_130킬로그램으로__⊙

40대 초반쯤 되어 보이는 주부 한 사람이 장바구니를 들고 매장에 들어섰다. 손잡고 따라오던 딸아이(10세)가 육가공품 매대

앞에서 소리쳤다.

"야, 햄이다! 맛있겠네. 엄마, 먹고 싶어. 사줘."

500그램짜리 제품 앞에는 498엔이라는 라벨이 붙어 있다. 아이 엄마는 뭔가 이상했는지 고개를 갸우뚱하더니 장바구니에 넣었다. 싸다는 생각이 들었음에 틀림없다. 하지만 싸다고 나쁠 것은 없다.

"오늘 저녁에 해줄 거지, 엄마?"

아이가 깡충깡충 뛰며 좋아했다.

업계에서 쓰는 말 중에 '푸딩햄pudding ham' 이라는 용어가 있다. 햄은 햄일 텐데 무슨 햄일까? 알고 보면 별것 아니다. 고기에 물을 넣어 굳힌 햄이라고 생각하면 된다. 고기에 물을 넣는 이유는 물론 양을 늘리기 위함이다. 쥐어짜면 물이 뚝뚝 떨어질 정도라 해서 업계에서는 '걸레햄' 이라고 부르기도 한다. 어떤 사람은 더 노골적으로 '물 먹인 햄' 이라고도 한다. 모두 같은 뜻이다.

햄은 주로 돼지고기로 만든다. 돼지고기 100킬로그램으로는 푸딩햄 120~130킬로그램을 만들 수 있다.

여기서 늘어난 20킬로그램의 정체는? 물 먹인 햄이니까 당연히 물이다. 물은 값싼 데다 편리해서 좋다. 다만 이때 그냥 물만 넣지는 않는다. 고기와 잘 섞이지 않기 때문이다. 그래서 그럴듯한 원료가 또 필요하다. 뜨거운 물에 녹여 식히면 젤리가 되는 이른바 '겔gel화제' 다.

기왕 이야기가 나온 김에 햄에 물 먹이는 방법을 살펴보자. 먼저 겔화제를 물에 녹여 젤리액을 만든다. 이 젤리액을 고기 덩어리에 주입한다. 이때 사용하는 주사기가 재미있다. 바늘이 대략 100개 정도 달려 있는 제법 폼 나는 기계다. 용액이 한 번에 쭉 주입되도록 설계되어 있다. 주사기 바늘을 일일이 꽂고 젤리액을 밀어 넣는 광경은 가관이다. 무슨 큰 의식이라도 치르는 듯 사뭇 엄숙하다.

일단 젤리액이 주입되면 고기 전체에 균일하게 퍼지게 해야 한다. 고기를 주무르거나 질겅질겅 밟는데, 경우에 따라 강하게 두들기기도 한다. 젤리액이 20~30퍼센트나 들어갔기 때문에 이 상태에서 육질을 보면 말랑말랑한 것이 마치 스펀지 같다.

다음 단계는 성형과 증숙이다. 일정 모양으로 만들어 가열하고 냉각시키면 우리 식탁에 오르는 산뜻한 햄이 된다.

겔화제의 원료는 대두 아니면 난백이다. 경우에 따라 유단백이나 해조류가 사용되기도 하는데, 물에 녹아 굳을 수만 있으면 뭐든지 쓸 수 있다. 때문에 여기서 중요한 것은 첨가물이다. 엉뚱한 것으로 뻥튀기를 했으니 색을 맞추고 탄력도 줘야 하며 또 맛을 내야 한다. 용도가 한두 가지가 아닌 만큼 당연히 첨가물 범벅이 될 수밖에 없다.

원료가 뭐가 됐건 아무거나 집어넣고 굳힌 고기 아닌 고기, 가격 경쟁에서 뒤질세라 수단과 방법을 가리지 않는 증량 작전, 그런 현장에서는 식품기술이고 나발이고 그저 그림의 떡일 뿐이다.

푸딩햄의 인기 비결은 단연 파격적인 가격이다. 소비자가 기준으로 100그램에 100엔 정도로 보면 된다. 연말이면 식품 매장 앞에서 산더미처럼 쌓아놓고 파는 것이 다 이런 햄들이다. 연말이 아니더라도 세일 기간이면 특매상품으로 어김없이 등장하는 슬라이스햄도 마찬가지.

"어머, 햄 세일하고 있네. 이렇게 쌀 수가……!"

싸다고 무조건 장바구니에 집어넣기 전에 한 번 냉정히 생각해보는 것이 어떨까. 길거리 반찬가게에서 파는 우엉조림조차 100그램이면 120엔 정도 하지 않는가. 하물며 육류제품인데도 더 싸다니.

뒷면에 기재된 표기 내용이 모든 것을 설명한다. 원재료명 표기 부분을 보자. 원료육은 돼지고기일 텐데 도대체 왜 대두단백, 난백, 유단백 같은 물질들이 자리를 틀고 있는 것일까. 첨가물의 문외한이더라도 한 번쯤은 의심해볼 일이다. 이들 단백 소재만 눈에 거슬리는 것이 아니다. 꼬리를 물고 늘어져 있는 수많은 첨가물들 역시 한심한 실상을 웅변한다.

그런데 그 와중에 독야청청 등장하더니 최근에는 제법 인기제품으로 부상한 햄이 있다. '무나트륨 햄'이 그것이다. 발색제와 화학조미료를 쓰지 않았다는 것이 자랑이지만 그 두 물질만 뺐을 뿐 다른 첨가물들은 고스란히 들어 있다. 뒤에서 언급할 무색소 명란젓과 조금도 다르지 않다. 두 제품 공히 '뭐 묻은 개 나무라는 뭐 묻은 개'와 진배없다.

햄의 원재료와 첨가물

무첨가햄	일반햄
돼지고기 천일염 삼온당(설탕의 일종) 향신료	돼지고기 대두단백 난백 카제인나트륨(유단백) 정제염 아질산나트륨 L-아스코르빈산나트륨 폴리인산나트륨 피로인산나트륨 글루타민산나트륨 5′-리보뉴클레오티드나트륨 단백가수분해물 돈육 농축액(동물성향료) 변성전분 증점제(다당류) 코치닐색소

※ 업체에 따라 다소 다를 수 있음.

사소한_의문이_해결의_실마리__⊙

식품 표기를 읽는 방법과 식품 매장에서의 지침 등에 대해서는 뒤에서 별도로 설명할 계획이다. 하지만 나는 일반 소비자들이 굳이 식품첨가물에 대해 박사가 될 것까지는 없다고 본다. 다만, 평소에 먹는 식품에 대해 사소하게라도 의문을 가져보자는 제안을 하고 싶다. 의문을 가지면 포장지 뒷부분의 원료 표기 내용을 읽는 습관이 생길 것이고, 그러면 상식적인 선에서 판단할 수 있을 것이라고 생각한다. 첨가물의 명칭이나 위험도에 대한 지식이 없어도 충분히 가능한 일이다.

푸딩햄의 문제도 상식적으로 생각해보면 곧 알 수 있다. 아이와 함께 쇼핑 나왔던 주부도 햄이 유독 싸다는 생각이 들었을 때 원료 표기를 살펴봤으면 좋았을 것이다. 그곳에는 깨알만한 글씨로 듣도 보도 못한 원료명들이 가득 채워져 있었을 것이고, 햄에 왜 대두단백, 난백, 유단백 같은 물질들이 사용됐을까 하는 의문이 생겼을 것이다.

비록 전문적인 시각은 아니더라도 이처럼 의문을 가져보는 일이 올가미에서 탈출하는 첫 단추다. '뭔가 좀 이상한데. 알아봐야겠어' 와 같이 생각하면 그 다음에는 자연스럽게 상식적인 행동이 따른다. 모든 출발점은 결국 의문을 갖는 일이다.

절임식품이_싱거워진_사연_ _⊙

우리 식탁에서 빼놓을 수 없는 것이 피클, 즉 절임식품이다. 절임식품이란 말 그대로 소금에 절여서 가공하는 식품. 대체로 전통식품들이 많다. 그런데 이 전통식품도 첨가물의 공략에는 속수무책이다.

절임식품이 구설수에 오르기 시작한 것은 20~30년 전부터다. 염분 과잉 섭취의 주범으로 지목되기 시작한 시점이다. 그 후 절임식품 산업에 큰 변화의 바람이 불어왔다. 그때까지만 해도 절임식품에 들어가는 것이라곤 소금에다 울금, 차조기 정도가 고작이었다. 울금과 차조기는 천연향신료다. 그런데 이것이 어느 날 갑자기 첨가물 범벅으로 변해버렸다. 이른바 '짜지 않은 절임식품'이 등장하면서 빚어진 현상이었다.

내가 첨가물 회사에 근무할 당시, 마침 염분의 과잉 섭취가 고혈압의 원인이 된다는 인식이 번지고 있었다. 그래서 업계에서는 이 점을 역이용하여 한탕 할 수 있는 방법이 없을까 생각하고 연구에 들어갔다.

가장 먼저 손을 댄 것이 매실절임이었다. 매실절임에는 일반적으로 매실 중량의 10~15퍼센트가량 식염을 넣는다. 식염은 칼칼한 맛을 내주는 데다 곰팡이 발생을 억제하고 변색을 방지한다. 또 식감을 이상적으로 유지해주는 역할까지 수행한다. 따라서 매실절임을 짜지 않게 만들기 위해서는 이런 식염의 눈부신 역할을 대신할 방법을 찾는 것이 절대 필요했다.

이 난제를 어떻게 해결했을까. 첨가물에게 맡기면 해결 안 되는 일이 없다. 맛은 화학조미료에게, 곰팡이 억제는 소르빈산에게, 변색 방지는 산화방지제에게, 새콤한 향취는 산미료에게 각각 나누어 맡겼다. 결과는 대성공.

그런데 염분을 줄였음에도 여전히 짜다는 느낌을 지울 수가 없었다. 그래서 등장한 첨가물이 사카린, 스테비아, 감초와 같은 감미료였다. 이 첨가물들을 추가하자 비로소 짠맛이 크게 줄어든 것으로 느껴졌다. 결국 혀가 착각하게 만든 것이다.

이렇게 완성된 저염 매실절임 기술은 즉각 다른 절임식품에도 적용되었다. 두 번째는 단무지였다. 마찬가지 방법으로 신개념 단무지가 선을 보이기 시작했다. 이 새로운 기술은 다른 절임식품에도 속속 응용되었고, 저염 절임식품이라는 새로운 장르를 형성하며 대박을 터뜨리기에 이르렀다. 지금은 저염 절임식품이 당연한 듯 받아들여지지만 당시에는 획기적인 발상의 산물이었다.

이 신개념 단무지가 인기를 모은 데는 또 다른 이유가 있었다. 아삭아삭 바스러지듯 씹히는 경쾌한 식감! 그것은 전통 단무지가 도저히 도달할 수 없는 강점이었다. 순진한 소비자는 결국 첨가물이 내는 맛을 찬양하고, 첨가물이 만드는 조직에 열광해온 셈이다.

매실의_탈을_쓴_첨가물_덩어리__⊙

최근에 매실절임 한 세트를 선물로 받은 적이 있다. 나에게 격세지감을 불러일으킨 그 매실절임에는 '염분 5퍼센트'라는 표기가 선명히 인쇄되어 있었다. 내가 저염 매실절임을 만들 당시의 제품 염분은 8~10퍼센트가 최선이었다. 5퍼센트라면 새로운 기술이 개발된 것일까?

호기심에 먹어보니 어이가 없었다. 첨가물 감별이라면 산전수전 다 겪은 나에게 그것은 더 이상 매실절임이 아니었다. '매실의 탈을 쓴 첨가물 덩어리' 라고 말하면 지나친 표현일까.

식염을 5퍼센트 사용한 매실이라면 상온에서는 보관할 수 없다. 그래서 선택한 것이 알코올 침지였다. 모든 매실들이 알코올에 잠겨 있었다. 게다가 매실주 제조에 한 번씩 사용했던 것들을 썼는지 매실의 맛이나 풍미가 전혀 느껴지지 않았다. 대신 화학조미료MSG, 스테비아, 글리신, 솔비트, 단백가수분해물, 전갱이 추출액, 감초 등을 이용해서 위장하려고 노력했다. 색상도 선명한 것을 보니 합성착색료를 몇 가지 썼을 것이다. 자극적인 신맛은 산미료가 내고 있었다.

결국 '5퍼센트 저염 매실절임' 은 첨가물이 만든 제품이었다. 내 상식으로는 그것을 도저히 매실절임이라고 부를 수 없었다. 오직 천일염과 차조기 잎만을 사용한 매실절임, 그래서 매실 본연의 향취가 소박하게 살아나는 전통 제품을 다시 만날 수 있을까.

저염_제품의_수혜자는_ _

요즘 시판되고 있는 절임식품은 거의 대부분 이처럼 '저염' 을 표방한 제품들이다. 그러나 원료 표기를 보면 첨가물들이 무차별적으로 남용되고 있음을 쉽게 알 수 있다. 알코올, 화학조미료, pH조정제, 스테비아, 사카린, 산화방지제, 소르빈산, 착색료, 산미료, 인산염, 증점제, 감초…….

"요즘 피클은 짜지 않아서 좋아. 몸에도 물론 좋겠지."

소비자들은 흔히 이렇게 착각한다. '저염' 이라는 의미 자체만 중시하지, 그것이 어떻게 완성됐는지에 대해서는 관심이 없다. 결과는 첨가물 과량 섭취. 그 책임은 소비자 각자가 질 수밖에 없다.

저염을 표방하는 절임식품에는 또 한 가지 맹점이 있다. 소비자는 과연 저염식품을 이용함으로써 염분의 과잉 섭취를 피할 수 있을까. 그것이 생각처럼 쉽지 않다. 저염 단무지를 예로 들어보자. 짠맛을 줄이기 위해 염분을 줄이는 대신 감미료를 사용했다. 과거에는 한두 조각만 먹던 사람도 달짝지근한 맛에 끌려 한 번에 대여섯 조각씩 먹게 된다. 비록 입안에서는 짜지 않게 느껴지지만 염분 총량으로 치면 오히려 더 많이 섭취한 꼴이 된다.

쉽게 말해 저염 단무지는 조금만 먹어서는 만족할 수 없다는 뜻이다. 짜지 않으니 좀 많이 먹어도 괜찮겠지 하는 안일한 생각이 결국 더 많은 염분 섭취를 부르는 것이다. 과거에 저염식품을 직접 만들던 사람으로서 충고한다면 절임식품이란 고급 소금으로 짭짤하게 만든 제품이 좋다고 말하고 싶다. 그런 제품을 두어 조각 정도 조금만 먹는 것이 절임식품을 즐기는 올바른 방법이다.

한 가지 더 덧붙인다면, 단무지 정도는 집에서 직접 담가 먹는 것이 어떨까. 시대착오적인 제안이라고 생각할지 모르겠으나 그 방법만이 첨

단무지의 원재료 및 첨가물

무첨가 단무지	시중의 일반 단무지
말린 무	일반 무
쌀겨	식염
식염	밀기울
전갱이 말림	글루타민산나트륨
다시마	글리신
설탕	젖산
	폴리인산나트륨
	이성화당
	사카린나트륨
	감초
	스테비아
	구아검
	명반
	소르빈산칼륨
	식용색소 황색4호
	식용색소 황색5호
	식용색소 적색3호

※ 업체에 따라 다소 다를 수 있음.

가물 섭취를 피할 수 있는 길이다. 가급적 첨가물을 적게 쓴 제품을 선택하는 것도 한 방법일 수 있지만 쉬운 일이 아니다. 하룻밤 정도 잠깐 절여도 좋으니 직접 담그는 재미를 느껴보는 것이 중요하다. 소금과 다시마 정도만 준비하면 된다. 생각보다 쉽다.

그런데 집에서 직접 만든다고 하면서 애벌로 절여놓은 것을 사다가 담그는 사람이 있다. 하지만 처음 절일 때부터 이미 첨가물이 듬뿍 들어갔기 때문에 완제품을 구입하는 것과 크게 다르지 않다. 그 방법은 그다지 권하고 싶지 않다.

할머니_단무지의_시련_ _⊙

"아줌마, 이거 정말로 아줌마가 집에서 만든 건가요? 약을 꽤 많이 쓴 것 같은데요. 집에서도 이렇게 만드나요?"

지방 어느 도시에서 문화 축제가 있다고 하기에 구경 간 적이 있었다. 한 식품 부스에서 단무지를 가리키며 나는 안쪽에 앉아 있는 부인에게 물었다.

"아뇨, 집에서 만들 때는 소금만 써요."

나를 힐끗 쳐다보며 부인이 대답했다.

단무지 제조업체는 농협으로 되어 있었다. 포장지에는 〈할머니의 손맛을 즐기세요〉, 〈전통 방법으로 정성 들여 만들었어요〉라는 표기가 크게 붙어 있었다. 그러나 유감스럽게도 뒤에는 원재료인 무 이외에 감초, 스테비아, 주정, 착색료(황색4호), 소르빈산나트륨, 산화방지제 등의 첨가물 이름이 깨알같이 씌어 있었다.

할머니가 정성스럽게 만들었다고 선전하고 있는 그 제품들은 첨가물 범벅인 시중의 일반 단무지와 조금도 다르지 않았다. 할머니가 집에서 만들 때 정말 스테비아나 산화방지제 같은 물질을 넣을까. 보존 기간을 늘리기 위해 소르빈산을, 색을 예쁘게 하기 위해 합성착색료를 쓸까.

"그래요? 집에서는 약을 안 쓰는데 왜 여기에는 썼어요?"

내가 닦달하듯 묻자 부인은 궁색한 표정으로 대답했다.

"공장에서 만들 때는요, 그런 걸 쓰라고 하니까 쓸 수밖에 없지요."

이런 것을 가지고 할머니가 만들었다고 떠들며 팔다니! 나는 울화통이 치밀었다. 물론 부스의 그 부인에게 화가 치미는 것이 아니라 그런 일을 시킨 농협에 화가 치미는 것이다. 부인은 미안했는지 나에게 속마음을 털어놓았다.

"이상한 가루를 주며 넣으라고 할 때는 사실 나도 속상해요. 집에서는 그런 거 절대 안 넣어요."

이 말이야말로 첨가물을 무차별 남용하는 절임식품 현장의 진심 어린 고백이었다.

저급_명란젓이_일순간에_최고급품으로_둔갑__⊙

식탁에 오르는 명란젓은 소금과 쌀발효주에 절인 명태알을 원료로 만든다. 명태알은 단단하고 색이 좋은 제품을 고급품으로 꼽는다. 그렇다면 시중의 명란젓은 모두 고급품일까?

진물이 질질 흐르는 데다 물컹거리는 저급 명란젓. 하지만 이런 형편

명란젓의 원재료와 첨가물

무첨가 명란젓		시중의 일반 명란젓	
명태알 천연염 순쌀미림 쌀발효주	⊙ 명태알 원료	명태알 정제염 미림맛 조미료 합성착색료 폴리인산나트륨 메타인산나트륨 아스코르빈산나트륨 니코틴산아미드 아질산나트륨 에리소르빈산나트륨 솔비트 미세가공분말 사과산나트륨 명반 젖산칼슘 구연산나트륨 초산나트륨 글루코노델타락톤 글루타민산나트륨	⊙ 명태알 원료
발효간장 다시마즙 가다랭이즙 물엿 고춧가루	⊙ 명란젓 원료	글리신 5'-리보뉴클레오티드나트륨 단백가수분해물 아미노산액 글리틴리틴 스테비오사이드 소르비톨 감초 고춧가루	⊙ 명란젓 원료

※ 업체에 따라 다소 다를 수 있음.

없는 놈도 첨가물액에 하룻밤만 담가놓으면 투명한 듯 맑고 윤이 잘잘 흐르는 고급 제품으로 둔갑한다. 감촉도 마치 갓난아이 피부처럼 탱탱한 것이 시쳇말로 끝내준다. 앞에서도 언급했듯 이 역시 무슨 마술을 보는 느낌이다.

첨가물업체는 가능하면 많이 팔 목적으로 화학물질들을 섞어서 이른바 '혼합제제 첨가물'을 만든다. 이를테면 인산염, 아질산, 유기산염과 같은 물질을 혼합하여 별도의 브랜드를 만드는 식이다. 이 혼합제제는 사용 목적에 따라 착색용, 탄성강화용, 품질개량용 등으로 다양하게 개발되어 있다. 식품업체는 원하는 용도에 맞게 이들 혼합품을 사다 쓰기만 하면 된다. 자신들이 쓰는 혼합제제가 무슨 물질로 구성되었는지 모르는 경우도 비일비재하다.

참고로 다음 표에 명란젓을 예로 들어 사용 원료를 비교해보았다. 물론 모든 업체가 똑같은 것은 아니지만 일반적인 원료 리스트는 이렇다. 얼마나 많은 첨가물들이 사용되는지 알면 놀랄 것이다.

명란젓은_화학물질의_보고__⊙

명란젓의 원료가 되는 명태알만 보더라도 첨가물 남용 실태가 숨 막힐 지경이다. 그런데 명란젓은 그보다 한술 더 뜬다. 맛을 내고 보존 기간을 늘려주어야 하니 더 추가될 수밖에 없다. 명란젓에 사용되는 화학물질은 가짓수로 치면 20종은 족히 넘을 것이다.

명란젓에 사용되는 첨가물은 뭐니 뭐니 해도 화학조미료가 압권이다. 명란젓보다 화학조미료가 더 많이 사용되는 식품은 없다고 말할 수 있을 정도다. 명란젓 가공 공장에 가보면 작업자들이 조미료 포대를 뜯어서 연방 집어넣는 광경을 목격할 수 있다. 어떤 업체는 투입량이 어찌나 많던지 조미료가 명태알을 완전히 덮어버릴 정도라고 한다. 처음 보는 사람은 기절초풍할 노릇이다.

명란젓에 사용하는 화학조미료의 양은 전체 원료의 2~3퍼센트에 달한다. 흔히 화학조미료 하면 어묵을 떠올리기 십상이나 어묵은 기껏해야 1퍼센트 수준에 불과하다. 단순히 숫자로만 비교하더라도 명란젓에 사용되는 화학조미료의 실상을 파악하고도 남는다.

우리 식탁에서 '약방의 감초'와 같은 명란젓 그리고 어묵. 생각만 해도 입 안에 군침이 돈다. 하지만 그 깊은 맛의 정체가 바로 화학조미료였던 것이다. 우리는 이렇듯 첨가물 맛을 식품 본연의 맛으로 알고 먹고 있다. 즉, 화학조미료를 먹으며 맛있다고 열광하는 것이다.

20가지가_넘는_첨가물을_한_번에_먹으면__◉

여기서 한 가지만 먼저 짚고 넘어가자. 20가지가 넘는 첨가물이 한 식품에 들어 있다는 것은 무엇을 의미할까. 첨가물의 유해

성 논란에서 늘 빠지지 않는 주장이 화학물질의 복합적인 섭취로 인한 문제다. 쉽게 말해 여러 유해물질이 체내에 동시에 들어왔을 때 폐해는 더 커진다는 이론이다.

첨가물은 처음에 사용 허가를 받기 위해 일일이 독성 테스트를 거쳐야 한다. 테스트 결과 일정 기준이 충족된 물질만 허가한다. 따라서 통상적인 식생활을 하면 첨가물을 섭취하더라도 문제가 되지 않는다고들 생각한다.

하지만 그것은 한 가지 물질만 섭취했을 때의 이야기다. 여러 첨가물을 동시에 먹을 때 어떻게 될지는 충분히 검토되어 있지 않다. 이를테면 A라고 하는 첨가물이 있다고 치자. 그 물질 하나만 먹었을 때 인체에 미치는 영향을 조사했다. 그렇다면 A, B, C 등 여러 물질을 동시에 먹었을 때는 어떻게 될까. 그 결과는 아무도 모른다는 것이다.

그뿐만이 아니다. 안전성 실험에도 문제점이 있다. 독성이나 발암성 테스트를 할 때 인체에 직접 투여할 수는 없는 노릇이다. 당연히 동물 실험에 의존할 수밖에 없으니 사용량 기준도 동물 실험 결과를 보고 판단한다. 예를 들어 쥐에게 A물질 100그램을 먹이자 죽었다고 치자. 그런 경우 사람에게는 그 양의 100분의 1, 즉 1그램까지는 사용해도 좋다고 결정하는 식이다.

무릇 사람과 동물은 생리 체계가 다른 법이다. 어떤 물질에 대한 분해·흡수 능력이 쥐나 사람이 같다고 보는 발상 자체가 문제다. 사람에게는 스트레스와 같은 정신적 현상이 개입되는 데다 여러 복잡한 생리 반응이 수반될 수 있기 때문이다.

소비자들은 흔히 법으로 정해졌다는 사실을 중시한다. 따라서 100퍼센트 신뢰해도 된다고 생각하기 쉽다. 하지만 복합 섭취의 안전성 문제 또는 동물 실험에만 국한되는 현실 등의 의미가 무엇인지는 다시 한 번 생각해볼 일이다.

결국 모든 책임은 소비자 각자의 몫이니 말이다.

무색소_명란젓__⊙

명란젓 이야기가 나온 김에 한 가지만 더 지적해보자. 식품 매장에 가보면 '무색소'라고 표기된 명란젓이 가끔 눈에 띈다. 색소를 사용하지 않았다면 다른 첨가물도 적게 썼을 테고, 따라서 건강에 좋은 것일까.

실상을 알면 실망을 금치 못할 것이다. 이 제품에는 물론 합성착색료는 사용되지 않는다. 그러나 색소를 제외한 다른 첨가물들은 고스란히 사용되고 있다. 아질산나트륨, 폴리인산나트륨, 산화방지제, 화학조미료 등등 20가지 물질 가운데 합성착색료 2~3가지만 뺐다. 그래놓고 〈합성착색료는 쓰지 않았습니다〉라고 크게 떠든다. 첨가물 문제는 오직 합성착색료만의 책임이란 말인가.

이런 제품은 말할 것도 없이 '눈속임 마케팅'의 산물이다. 개중에는

'무색소 명란젓' 이라는 표기를 금색 라벨에 인쇄해서 호화찬란하게 장식해놓은 제품도 있다. 가격도 일반 명란젓보다 비싸다.

"색소를 안 썼대. 뭔가 다르겠지. 값도 비싼 걸 보면."

내막을 모르는 소비자들은 업체의 배려에 고마워하며 장바구니에 넣는다. 과대표시라는 올가미에 걸려든 줄도 모르는 채.

하지만 이런 문제 역시 업체만 탓할 것이 못 된다. 첨가물 상식은 알려고 하지 않고 무조건 색소만 빼달라고 하는, 그래서 엉성한 올가미에 걸려드는 대다수의 소비자들에게도 책임이 있다. 업체는 그런 고객의 요구에 충실히 부응했을 뿐이다.

2장

가짜로 얼룩진 부엌의 맛

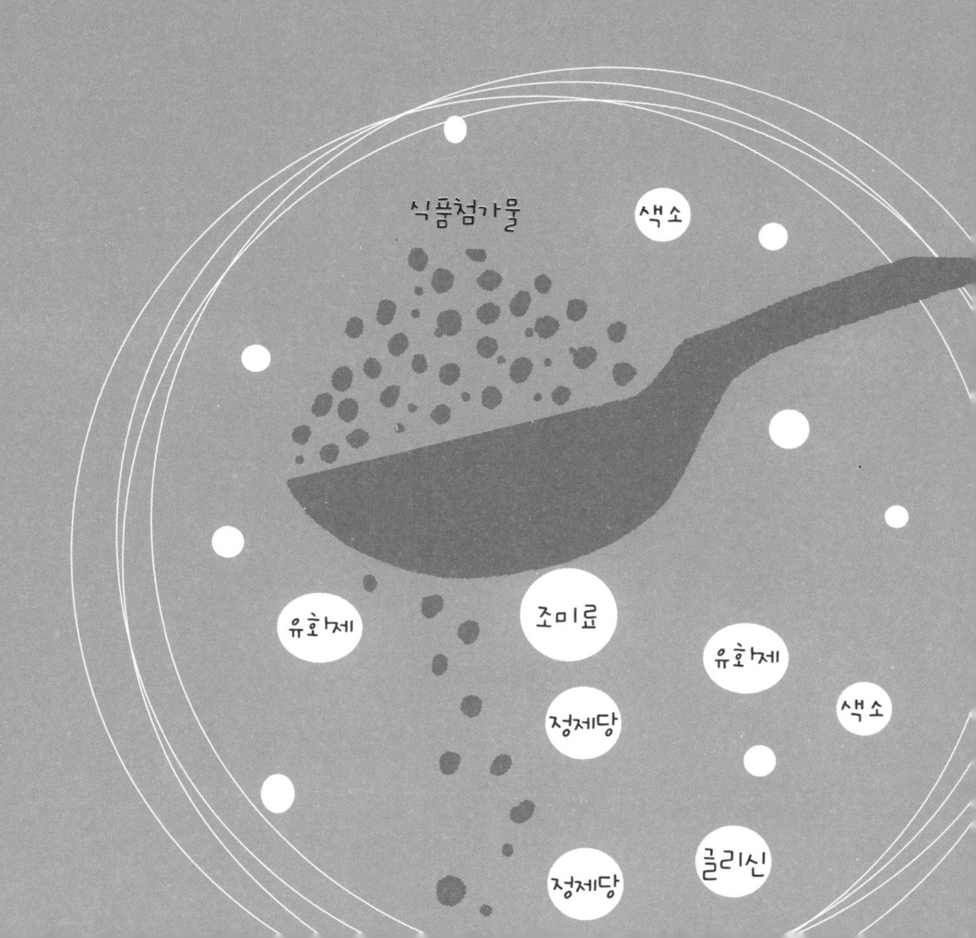

세일하는_간장은_왜_쌀까__⊙

"어머! 아직 남아 있네. 다 팔렸으면 어쩌나 했는데. 휴우."

저녁시간에 헐레벌떡 식품 매장에 들어선 주부 M씨(37세). 얼마 남지 않은 간장을 재빨리 장바구니에 넣으며 안도의 숨을 쉰다. 오늘은 간장 세일하는 날이다.

"보통 때는 1리터짜리 한 병에 258엔 하거든요. 한 달에 한 번씩 세일을 하는데 그때는 138엔이에요. 우리는 늘 그걸 사먹지요."

무슨 큰 승리라도 따낸 듯 득의만면하게 웃는 M씨. 과연 알뜰주부였다. 그러나 그녀가 그날 산 염가 간장은, 실은 가짜였다. 가짜라면 좀 과한 표현일까? 그렇다면 모조 간장 또는 간장맛 조미료라고 해두자.

간장맛 조미료란 무슨 뜻일까. 전통 양조간장과는 다른 방법으로 만들어진, 쉽게 말해 '대체 간장'이라고 생각하면 된다. 가짜라고 표현하면 좀 심하다는 느낌이 들고, 아무튼 진짜 간장이라고는 말할 수 없는 간장이다.

물론 이런 간장은 첨가물을 이용하여 만든다. 중요한 것은 이와 같은 모조품이 오늘날 조미 재료의 세계를 휘어잡고 있다는 사실이다. 악화가 양화를 구축한다고 했던가. 우리들 부엌의 양념통은 아무도 모르는 새에 가짜가 진짜를 밀어내고 있다.

무릇 조미료란 요리의 맛을 결정하는 기본 재료다. 그렇다면 이는 현대인의 음식문화가 뿌리째 흔들리는 중대국면에 처해 있음을 뜻하는 것이 아닐까.

예로부터 전해지는 전통 간장의 원료는 콩, 밀, 소금, 그리고 누룩이었다. 누룩의 여러 효소들이 콩과 밀의 단백질을 아미노산으로 분해하고 전분을 당분으로 바꾸는 것이다. 이 과정에서 특유의 고소한 향미가 만들어진다. 우리가 즐기는 간장의 독특한 맛은 그런 향미들이 어우러진 결과물이다. 또 간장의 신비한 색은 아미노산이 당 성분과 교묘하게 결합됨으로써 만들어지는 것이다.

이런 과정은 워낙 복잡해서 학술적으로 충분히 설명되지 않는다. 과학이 대신할 수 없다는 뜻이다. 필요한 것은 정성과 시간이다. 완전히 익을 때까지 최소한 1년은 걸린다. 이것이 우리 조상들이 만들어낸 진짜 간장이다. 누룩이라는 자연물질이 창조한 '예술품' 이다.

모조_간장의_맨얼굴__⊙

시간이 걸리고 정성을 들여야 하는 자연 숙성 간장은 비즈니스화하기에 적합하지 않다. 어떻게 시간과 품을 줄일 것인가. 그것이 간장맛 조미료, 즉 모조 간장 개발의 출발점이었다.

간장의 구수한 맛은 아미노산이 만든다. 아미노산이란 무엇일까. 반드시 발효를 시켜야만 얻을 수 있는 것일까. 이때 반짝이는 아이디어가 업계 사람들의 머리를 스치고 지나갔다. 아미노산은 단백질의 분해 산물이다. 이 말은 무엇이 되었든 단백질만 있으면 아미노산을 얻을 수 있다는 뜻이다. 단백질원으로 가장 손쉽게 구할 수 있는 것이 탈지대두다. 탈지대두는 기름을 짜고 남은 콩 찌꺼기이니 가격도 싸다. 어떤 업체에서는 조류의 깃털을 이용해서 아미노산을 만든다는 소문도 있었다.

이렇게 해서 간장의 기초 물질은 얻을 수 있었는데, 맛이 무미건조하고 간장 고유의 색이 나오지 않았다. 어떻게 오리지널 제품과 흡사하게 만들 것인가. 그러나 이미 해결책은 마련되어 있었다. 첨가물이 있는 한 식은 죽 먹기다.

우선 화학조미료인 글루타민산나트륨으로 맛을 내고 감미료로 살짝 단맛을 보탠다. 상큼한 맛을 주기 위해 산미료를 넣고 걸쭉한 느낌이 들게 하기 위해 증점제를 넣는다. 색은 캐러멜색소로 해결하고 보존료를 넣어 보존 기간을 늘려준다. 여기에 마지막으로 자연 숙성 간장을 조금 섞어주면 맛이 더욱 그럴듯해진다.

이것이 바로 모조 간장의 제조 방법이다. 공정은 전혀 다르지만 외관은 거의 비슷하다. 단지 섞기만 하면 되니 번거로울 것이 없고 시간도 그다지 걸리지 않는다. 발효를 시켜 만드는 간장이 1년 이상 걸리는 데 반해 이 간장은 길어봤자 1개월이면 충분하다.

물론 외관은 비슷하다고 하지만 잘 비교해보면 차이점을 곧 알 수 있다. 깊고 진하게 우러나오는 간장 고유의 풍미까지는 도저히 모방할 수 없기 때문이다. 이 차이는 찜이라든가 조림과 같은 음식을 만들어보면 더욱 확연해진다.

업계에서는 발효를 통해 만드는 전통 간장을 '대두간장' 이라고 하는 데 반해, 이처럼 변칙적으로 만드는 모조 간장은 '신개념 양조간장' 이라고 부른다. 두 간장의 차이는 라벨을 보면 곧 알 수 있다. 대두간장에 표기된 원료는 콩, 밀, 식염, 오직 세 가지뿐이다. 첨가물은 눈에 띄지 않는다. 하지만 신개념 양조간장은 첨가물로 가득 채워져 있다.

이것이 무엇을 의미하는지 우리 식생활을 통해 살펴보자. 저녁식사로 생선조림과 회를 먹었다고 치자. 이 음식들은 집에서 만들었으니 첨가물은 사용하지 않았을 것이다. 그러나 간장은 어떤 것을 썼는가. 혹시 모조 간장을 썼다면 우리는 첨가물을 먹은 것이다. 그것도 7~8가지나 되는 첨가물을 말이다.

대두간장은 1리터에 1,000엔, 그러나 신개념 양조간장은 198엔이다. 주부 M씨는 세일할 때 샀으니 138엔에 샀다. 이것이 싸게 샀다고 좋아만 할 일인가? 실상을 알면 가격 차이는 당연한 것이다.

아무리 같은 간장이라 해도 아미노산액에 첨가물을 타서 만든 모조 간장과 천연 재료를 발효시켜 만든 전통 간장을 싸잡아서 같이 생각해도 되는 것일까. 1년이 넘도록 장인의 혼이 투영된 '작품' 을 모독하는 것이 아닐까. 사실 모조 간장에는 간장이라는 표현을 쓰면 안 된다. '간장맛 조미료' 또는 '간장맛 염수' 와 같은 용어를 써서 정통 제품과 확실히 구별해야 마땅하다.

간장의 원재료와 첨가물

대두간장	신개념 양조간장
콩 밀 식염	탈지가공대두 아미노산액 이성화당 글루타민산나트륨 5′-리보뉴클레오티드나트륨 글리신 감초 스테비아 사카린나트륨 증점제(CMC-Na) 캐러멜색소 젖산 호박산 안식향산부틸

※ 업체에 따라 다소 다를 수 있음.

여성들이 좋아하는 다이아몬드를 보자. 진품은 귀한 만큼 엄청나게 비싸다. 그러나 모조품인 인공 다이아몬드는 어떤가. 비교할 수 없을 정도로 싸다. 전혀 다른 제품이기 때문이다. '대두간장' 과 '신개념 양조간장' 도 그 정도의 차이가 있다.

그게 바로 1,000엔과 198엔의 차이이다.

역자 주

국내에도 물론 첨가물을 사용한 간장이 있다. 하지만 2006년 9월 7일 이전까지는 첨가물에 대한 표시 의무가 없기 때문에 표기를 보고도 첨가물 사용 여부를 알기 힘들었다. 이후부터는 일본과 같이 첨가물 정보를 확인할 수 있다.

순쌀미림과_미림맛 조미료__

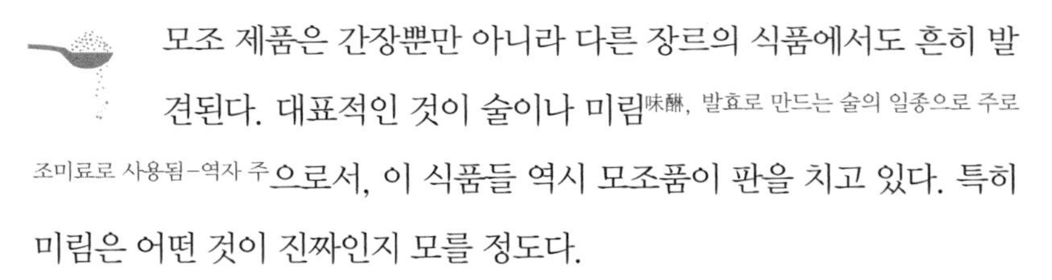

모조 제품은 간장뿐만 아니라 다른 장르의 식품에서도 흔히 발견된다. 대표적인 것이 술이나 미림味醂, 발효로 만드는 술의 일종으로 주로 조미료로 사용됨-역자 주으로서, 이 식품들 역시 모조품이 판을 치고 있다. 특히 미림은 어떤 것이 진짜인지 모를 정도다.

미림의 원료는 찹쌀 또는 멥쌀이다. 쌀을 찐 것을 '지에밥'이라고 하는데, 여기에 미생물을 접종해서 6개월~1년 정도 발효시켜 만든다. 발효되는 동안 쌀에 들어 있는 전분이 포도당과 올리고당 등으로 당화糖化되어 달짝지근한 맛이 다양하게 우러난다. 이때 또한 아미노산이 만들어지고 상큼한 풍미가 더해짐으로써 독특한 맛을 내는 미림이 완성된다.

이렇게 만들어진 미림은 그대로 마셔도 맛이 아주 좋다. 예전에는 여종들이 부엌에서 몰래 이것을 마시며 고된 심신을 달랬다는 말도 있다. 또 설에 덕담을 나누며 마시는 세주歲酒로도 쓰였다고 전해진다.

그러나 오늘날 시판되고 있는 미림은 어떤가.

술처럼 마신다는 것은 상상도 할 수 없다. 과거의 미림과는 전혀 다른 방법으로 만들어지고 있고 맛도 완전히 다르기 때문이다. 전통 미림을 순쌀미림이라고 한다면 요즘 식품 매장에서 판매되고 있는 것은 미림 타입 조미료라고나 할까.

이 미림 타입 조미료에도 두 종류가 있다. 하나는 '발효 조미료' 이고 다른 하나는 '미림맛 조미료' 이다. 발효 조미료는 쌀이나 옥수수를 발효시켜 여기에 포도당과 화학조미료, 산미료 등을 넣어 맛을 낸다. 이 카테고리의 제품은 단맛을 크게 강조한 것과 정종처럼 담백한 것으로 다시 나뉜다. 알코올 함량은 보통 15퍼센트 수준이다.

한편 미림맛 조미료는 물엿과 같은 시럽상의 물질이 기초 원료다. 여기에 화학조미료, 산미료 등을 넣어 맛을 내고 캐러멜색소로 색을 맞춘 것이다. 쉽게 말해 걸쭉한 물질에 첨가물을 섞어 미림처럼 보이게 만든 인공 조미료라고 생각하면 된다. 맛은 물론이고 효능도 전통 미림과는 비할 것이 못 된다. 알코올 함량도 1퍼센트 이하라서 술도 아니다. 술이 아니라는 점 때문에 주류 면허가 엄하게 관리되던 시절 슈퍼의 인기 품목이기도 했다.

재삼 강조하건대 미림맛 조미료와 순쌀미림을 혼동한다는 것은 얼토당토않은 일이다. 이 두 제품은 생선조림에 사용했을 때 차이가 더욱 뚜렷해진다.

미림맛 조미료를 넣어 만든 조림은 한나절만 지나면 색이 지워지거나 비린내가 나곤 한다. 그러나 순쌀미림을 넣어 만들면 2~3일이 지나

미림의 원재료와 첨가물

순쌀미림	미림맛 조미료
찹쌀 쌀누룩 쌀소주米燒酎	당류(물엿, 이성화당) 화학조미료 산미료 캐러멜색소

※ 업체에 따라 다소 다를 수 있음.

도 윤이 잘잘 흐르는 것이 여전히 먹음직스럽다. 비린내가 나지 않음은 물론이고 생선의 모양도 잘 유지된다.

청주清酒의_재료는__⊙

어느 날 오후 K씨(31세)는 하던 일을 멈추고 잠시 인터넷 쇼핑몰을 구경하고 있었다. 선물할 데가 있어서 술을 한 병 구입하려는 참이었다. 전국의 유명 술 사이트를 이리저리 뒤적이던 그가 선뜻 멈춘 곳은 청주 코너. 그곳에는 이런 광고가 붙어 있었다.

〈쌀만을 사용한 순미주純米酒! 마셔보면 차이를 압니다!〉

'쌀만으로 만들었다고? 아니, 그럼 쌀로 만들지 않은 청주도 있단 말

이야?'

청주는 무조건 쌀로 만들도록 되어 있다면 굳이 '쌀로 만든 순미주' 라고 강조할 필요가 없을 터였다.

'그렇다면 다른 청주는 뭘로 만드는 거야?'

그는 자세히 알아봐야겠다는 생각이 들어 본격적으로 검색을 시작했다.

K씨의 의문은 당연한 것이다. 최근 쌀로 만든 술이 고급이라는 둥 또는 더 맛있다는 둥의 이야기가 자주 들린다. 물론 청주를 두고 하는 말이다. 이처럼 쌀로 만들었다는 사실을 굳이 강조하는 것을 보면 청주도 쌀로 만들지 않은 제품이 있음을 알 수 있다. 술의 세계에도 간장이나 미림처럼 진짜와 가짜가 있다는 뜻이다.

알코올_첨가_청주__⊙

일본식 청주는 쌀을 원료로 해서 누룩과 효모로 발효시켜 만든다. 발효에 의해 단백질이 아미노산으로 분해되는데, 이 과정에서 청주 특유의 맛 성분들이 만들어진다. 그것은 달콤한 맛일 수도 있고, 상큼한 맛일 수도 있고, 아니면 다른 맛일 수도 있다. 이렇게 만들어진 술을 순전히 쌀로만 만들었다고 해서 '순미주' 라고 부른다.

그러나 이런 식으로 술을 만들어서는 비즈니스화하기 어렵다. 시간과 비용이 많이 들어 채산이 맞지 않기 때문이다. 간편하게 만드는 방법이 없을까?

역시 첨가물이 있는 한 문제 없다. 술 찌꺼기인 지게미를 거르기 전에 우선 주정을 섞는다. 업계에서 양조알코올이라고 부르는 것으로, 이처럼 주정을 섞는 이유는 물론 양을 늘리기 위함이다.

그리고 여기에 첨가물들이 들어간다. 포도당, 물엿, 글루타민산나트륨(화학조미료), 젖산, 호박산 등. 전문가가 아니라도 맛을 내기 위한 물질들임을 쉽게 알 수 있다.

결국 청주도 일반 알코올을 섞어 비슷하게 만든 제품이 있다는 뜻이다. 이렇게 만든 청주를 업계에서는 '본양조주本釀造酒'라는 용어로 구분한다. 하긴 정식 발효를 거쳐 빚은 미주米酒가 들어 있으니 양조주라는 말이 틀린 표현은 아니다. 본양조주의 라벨을 보면 쌀과 누룩 외에 양조알코올이라는 원료명을 확인할 수 있을 것이다.

순미주_하나가_청주_열_개로__⊙

실은 나도 첨가물 영업을 할 당시 알코올 첨가 청주를 여러 차례 만들었다. 순미주 한 병만 있으면 일반 청주를 몇 병이나 만들 수 있었던 것으로 기억한다. 이런 식으로 청주를 만들면 돈이 들 것이 없다. 그 말은 다시 말해 얼마든지 싸게 팔 수 있다는 뜻이다.

물론 순미주를 양조알코올로 희석한다고 해서 아무렇게나 섞는 것은 아니다. 제대로 맛을 내기 위해서는 조미 기술이 필요하고, 무엇보다 희석 원칙이 있다.

여기서 잠시 일본식 청주의 종류를 살펴보자.

- **순미주**
- **본양조주**
- **보통주(일반 청주)**
- **합성주**

이 가운데 본양조주는 알코올을 첨가할 수 있는 양이 정해져 있다. 그러나 보통주, 즉 일반 청주에는 그런 기준이 없다. 따라서 보통주는 양조알코올을 이용해서 다양하게 맛을 낼 수 있다. 쌀과 누룩만으로 만드는 순미주로서는 상상도 할 수 없는 일이다.

그런데 이 보통주보다 더욱 파격적인 것이 합성주다. 합성주는 화학첨가물까지 사용할 수 있다. 당연히 맛을 낼 수 있는 범위가 훨씬 다양해진다. 청주 가운데 가장 고급은 물론 순미주다. 가격도 가장 비싸다. 이어 본양조주, 보통주 순이고 합성주가 가장 저렴하다.

한편 청주에는 '음양주' 니 '대음양주' 니 하는 용어도 있다. 이것은 쌀의 도정 정도에 따라 구분하는 방법이다. 도정할 때 많이 깎은 쌀일수록 청주를 만들면 단맛이 강해진다. 왜냐하면 쌀은 안쪽에 당질이 많기

일본식 청주의 원재료와 첨가물

순미주	본양조주	보통주	합성주
쌀 누룩	쌀 누룩 양조알코올	쌀 누룩 양조알코올 당류 산미료	양조알코올 포도당 물엿 글리세린 호박산 젖산 글루타민산나트륨 글리신 알라닌 인산칼슘 착색료 향료

※ 업체에 따라 다소 다를 수 있음.

때문이다. 겉에는 상대적으로 단백질이 많다. 따라서 청주에는 '대음양 순미주' 가 있는가 하면 '음양 본양조주' 도 있다.

역자 주 》》》

국내 청주의 경우에도 2006년 9월 7일 이전까지는 첨가물 정보를 확인할 길이 없다. 그 이후부터 표기를 보고 확인할 수 있을 것으로 보인다. 술의 첨가물 표시 기준도 식품첨가물 규정에 지배를 받는다.

가격에_현혹되지_말아야_ _

얼마 전에 '삼배주三倍酒'라는 이름으로 시판된 청주가 있었다. 말 그대로 세 배로 늘린 술이란 뜻인데, 이것은 아예 알코올을 15퍼센트로 희석한 용액을 섞는다. 이 제품의 특징은 증량시키는 데 한계가 없다는 점. 얼마든지 조합하여 양을 늘릴 수 있다.

물론 이렇게 희석하고 보면 맛을 비롯하여 모든 것이 순미주와는 전혀 달라진다. 하지만 첨가물이 있는 한 안심이다. 미다스의 손처럼 첨가물이 접촉하는 순간 차이점들이 하나하나 사라진다. 그것도 저렴한 비용으로.

요즘 시중에서 정통 청주를 만나기란 쉽지 않다. 영문을 모르는 소비자들이 싼 것들만 찾기 때문이다. 쌀로 빚은 청주 하나만 보더라도 이럴진대 다른 소재의 술들은 오죽할까. 우리는 청주와 마찬가지로 다른 술도 진짜 맛을 모르고 있는 것이 아닐까?

"와아, 이렇게 쌀 수가!"

"오늘은 재수가 좋구나. 기회를 놓칠 순 없지."

가격만 보고 오직 싼 맛에, 아무 생각 없이 소비한다. 진품은 사라지고 가짜 제품, 속임수 제품만이 득세한다. 그런 풍토는 정직하지 못한 업자들을 양산한다. 더욱 정직하지 못한 식품들이 활개를 친다. 현대인의 식문화는 이런 악순환을 밟으며 파괴되어가고 있다. 나 역시 그 악순환에 동참했던 사람 가운데 하나였다.

술도 그렇고, 간장도 그렇고, 미림도 그렇다. 상식 이하로 싼 제품은 일단 의심해야 한다. 의심 속에 해결의 실마리가 들어 있다. 문제는 이런 의심을 갖는 소비자가 거의 없다는 점이다.

식염에도_속임수가__⊙

우리 식생활에서 떼려야 뗄 수 없는 소금, 즉 식염의 세계는 어떨까.

식염업계라고 예외는 아니다. 마찬가지로 거짓, 사기와 같은 험한 단어들이 난무한다. 할인마트나 백화점의 식염 판매 진열대를 보자. 요즘 부쩍 식염의 중요성이 강조되면서 많은 제품들이 소개되어 있다. 가정에서는 보통 소금을 몇 가지씩 구비해놓고 용도에 따라, 기분에 따라 그때그때 선택해서 쓴다.

일반적으로 소금은 다음과 같이 네 종류로 나누어진다.

① 정제염

전기와 여과장치를 이용하여 바닷물에서 염화나트륨 성분만을 빼낸다. 이렇게 얻은 염은 순도가 매우 높다. 염화나트륨 이외의 성분은 혼입될 여지가 거의 없기 때문이다. 최근까지 일반 가정에서 사용해 온 식염이 바로 이것이다.

② 수입염

이른바 암염岩鹽 또는 천일염을 말한다. 일부 해염海鹽도 여기에 포함된다. 멕시코나 오스트레일리아 또는 중국에서 주로 이 염을 생산한다.

③ 재생가공염

멕시코나 오스트레일리아 등에서 수입한 암염 또는 천일염을 바닷물에 녹여 다시 결정화시킨 염이다. 이 과정에서 염화마그네슘 등을 첨가한다.

④ 자연해염

바닷물을 직접 길어 올려, 수분을 증발시켜 얻은 염이다. 예로부터 전해지는 전통 소금이라고 할 수 있다. 이 염은 성분 조정이 전혀 없다. 포장에 자연해염이라고 표기되어 있다.

조작된_바다의_맛_ _⊙

식염의 깊은 맛은 어디서 오는 것일까. 간장 맛이 수많은 아미노산들의 하모니라면 식염 맛은 수많은 미네랄들의 하모니다. 바다의 천연 미네랄이 어느 정도 들어 있는지에 따라 식염 맛이 결정된다. 이를테면 미네랄이 풍부한 식염은 짜지 않다. 오히려 단맛이 감돌 정도다.

흔히 염분 섭취가 혈압 상승의 원인이 된다고들 말한다. 그래서 음식은 가급적 싱겁게 먹어야 한다는 것이 상식이다. 맞는 말이다. 시판되는 식염은 거의 대부분 혈압을 올린다. 그러나 모든 식염이 다 그런 것은 아니다. 미네랄이 충분히 들어 있는 식염은 혈압을 올리지 않는다. 오히려 혈압을 낮추고 몸에 더 좋다.

앞에서 분류한 네 가지 소금 가운데 미네랄이 가장 풍부한 것은 무엇일까. 당연히 네 번째 자연해염이다. 이 식염에는 나트륨, 칼륨, 칼슘, 마그네슘, 철, 구리, 아연 등 다양한 미네랄이 그대로 응축돼 있다. 이른바 '미량원소' 라 불리는 자연의 미네랄이다.

여기서 우리가 관심을 가질 것은 세 번째 재생가공염이다. 이 식염은 최근 〈바다의 미네랄이 듬뿍〉이라는 캐치프레이즈를 내걸고 날개 돋친 듯 팔리고 있다. 그 인기만큼이나 브랜드명도 다양하다. 우리가 이 식염에 관심을 가져야 하는 이유는 무엇일까.

재생가공염은 앞에서도 언급했듯 수입 암염 또는 천일염을 바닷물에 녹여 다시 결정화시킨 염이다. 문제는 원료염이라 할 수 있는 암염이나 천일염이다. 이 염들은 값이 싸서 대체로 저급품으로 분류되는 데다 귀중한 미네랄들이 거의 들어 있지 않다. 물론 자연 상태라고는 하나 결정화하는 과정에서 안쪽의 미네랄 성분들이 밖으로 빠져나오기 때문이다. 다시 말해 순도가 높은 염이 된다는 뜻이다.

아무리 자연염이라도 미네랄이 없으면 '앙꼬 없는 찐빵' 이나 다름없다. 여기에 또 업계의 반짝이는 아이디어가 접목된다. 염화마그네슘이나 염화칼슘과 같은 물질들을 인위적으로 첨가하면 되지 않을까?

이렇게 반강제적으로 완성된 재생가공염. 더 이상 시빗거리가 없어 보인다. 소비자들도 당연히 바다의 '신토불이 미네랄' 이 들어 있으려니 믿어준다. 하지만 아는 사람은 첨가한 물질들의 출처가 불명확하다는 사실을 안다. 행여 들통이라도 날세라 어떤 제품에서는 자연 그대로의 느낌을 강요하기 위해 애쓴 흔적도 보인다. 철암모늄염을 사용하여 갯벌의 흙빛을 살짝 내비치는 것이다. 철암모늄염은 구릿빛을 내는 화학물질이다. 이런 식염에서 가공의 낌새를 눈치 챌 소비자는 거의 없다. 자연을 맛볼 수 있게 한 업체의 노고에 감사할 따름이다.

식염_정보_반드시_공개돼야__

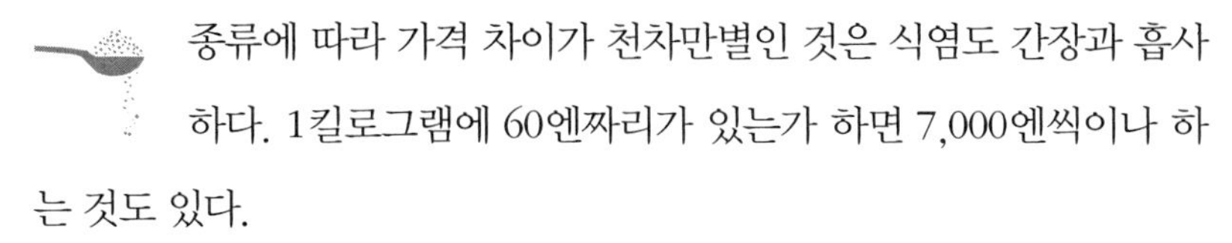

종류에 따라 가격 차이가 천차만별인 것은 식염도 간장과 흡사하다. 1킬로그램에 60엔짜리가 있는가 하면 7,000엔씩이나 하는 것도 있다.

하지만 두 조미 재료는 성분 표기 면에서 확연히 다르다. 우선 간장은 모든 정보를 100퍼센트 공개한다. 이를테면 변칙적으로 제조된 제품은 간장맛 조미료와 같이 표기하는 식이다. 보통 읽지 않아서 문제이지, 뒷부분까지 꼼꼼히 읽기만 하면 누구든 '진짜와 가짜' 를 구별할 수 있다.

그러나 제염업계는 정보 공개를 꺼린다. 꺼린다기보다 정보 공개를 일절 하지 않는다고 말하는 것이 옳다. 뒷면을 아무리 살펴보아도 내용을 알 길이 없다. 늘 이용하고 있는 '○○자연염'이 ○○지역의 바닷물로 만든 것인지, 수입염에 첨가물을 넣어 만든 것인지 도무지 알 방도가 없다. 미네랄을 보고 식염을 선택하는 사람에게는 답답한 노릇이다.

물론 미네랄에 얽매인 나머지 자연해염만 이용하고 다른 염은 이용하지 말자는 이야기는 아니다. 식염이란 종류에 따라 용도가 다르고 가격도 다르고 또 사람마다 기호도 다르다. 그때그때 맞는 제품을 선택해서 쓰는 것이 좋다. 다만 문제 삼고 싶은 것은 정보를 알리지 않는다는 점이다. 식염의 제조법은 물론이고 미네랄의 종류, 양도 알 수 있는 방법이 없다. 정보가 차단된 소비자는 선택권을 행사할 수 없다.

식염은 최근에 이르러서야 제조 · 판매 · 수입이 자유화됐다. 표기에 문제가 있는 것은 이처럼 자유화가 늦어진 점과 무관하지 않을지도 모른다. 다행히 요즘에는 표기를 통일시키고 정보도 공개하려는 움직임이 있는 듯하다. 하지만 제대로 시행되려면 꽤나 시간이 걸릴 것이다.

식초와_설탕에도_가짜가_있다__⊙

'진짜와 가짜' 논란은 식초에도 있고 설탕에도 있다. 모두 첨가물을 사용한 모조품이라는 점에서 앞에 예로 든 식품들과 맥을 같이한다. 식초 역시 발효식품인 만큼 간장이나 미림 등과 크게 다르지 않다. 여기서는 설탕에 대해서만 한 가지 짚고 넘어가자.

설탕에도 첨가물이 사용되는 제품이 있다면 이해할 수 있을까. 문제는 검은 색을 띠는 삼온당三溫糖이다. 삼온당은 사실 백설탕과 크게 다르지 않다. 영양적인 차이는 거의 없다고 보면 된다. 그러나 일반 소비자들은 백설탕은 나쁘고 삼온당은 좋다고 생각한다. 삼온당을 흑설탕과 구별하지 못하는 데에서 생기는 혼란이다.

삼온당은 쉽게 말해 캐러멜색소로 착색시킨 설탕이다. 제당업체가 소비자에게 혼동을 주어 판매하는 당이다. 가끔 흑갈색을 띠는 굵은 설탕도 볼 수 있는데, 마찬가지로 착색시켜 만든 제품이다. 굵은 설탕의 경우는 특히 물에 녹여보면 확실하게 알 수 있다. 투명한 설탕 결정만 남기 때문이다. 말할 필요도 없이 겉부분만 염색된 것이다.

물론 삼온당이나 굵은 설탕이 모두 착색에 의해 만들어지는 것은 아니다. 착색시키지 않은 제품도 있다. 그 사실은 표기 내용을 보면 곧 알 수 있다. 착색시킨 제품에서는 캐러멜색소라는 글씨를 발견할 수 있을 것이다. 역시 포장 뒷면까지 꼼꼼히 살피는 일이 중요하다.

붕괴되어가는_현대인의_식문화__⊙

그렇다면 우리 집에서 쓰는 조미료는 정말 괜찮은 것일까. 각 가정의 부엌을 돌아보자. 언제부턴가 현대인의 식탁은 ○○맛

조미료의 전시장이 되어버렸다.

그런데 앞에서 언급한 간장이나 미림 등의 문제는 비단 부엌용 제품에만 국한된 이야기가 아니다. 편의점에서 팔리고 있는 각종 도시락, 그리고 면류 제품들, 여기에 붙어 있는 소스들은 당연히 모조 조미료로 만든다. 냉동식품이나 각종 반찬류는 물론이고 포장된 초밥이나 낫도일본식 청국장-역자 주에 이르기까지, 이들 식품에 딸려 있는 작은 팩에는 여지없이 간장맛 조미료가 들어 있다.

많은 소비자들이 '자신만은 첨가물을 먹지 않는다' 고 굳게 믿고 있다. 그러나 진상을 알면 오판이라는 사실을 곧 깨닫을 것이다. 모조 식품 또는 속임수 제품 속에 숨어 있는 수많은 불청객들이 그 실체다.

다시 한 번 부엌의 조미료들을 살펴보자. 소금, 식초, 된장, 미림, 설탕 등에서부터 각종 양념, 소스, 육수 따위에 이르기까지……. 이 제품들의 포장지에는 우리에게 익숙하지 않은 물질명들이 깨알같이 씌어 있다. 이것들이 이른바 우리가 알지 못하고 먹는 식품첨가물이다.

어린아이들의_입맛이_왜곡되고_있다__⊙

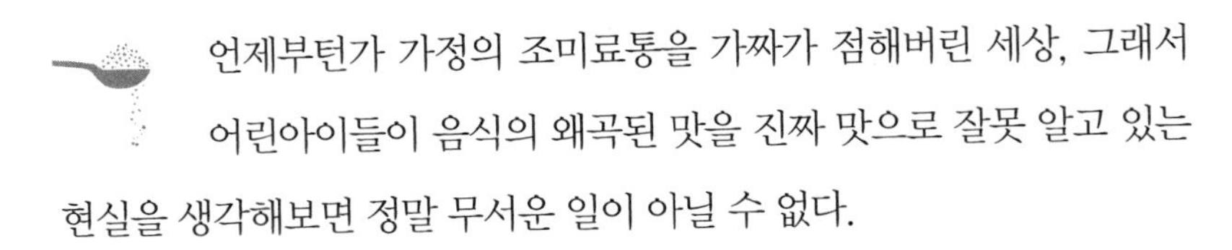

언제부턴가 가정의 조미료통을 가짜가 점해버린 세상, 그래서 어린아이들이 음식의 왜곡된 맛을 진짜 맛으로 잘못 알고 있는 현실을 생각해보면 정말 무서운 일이 아닐 수 없다.

요즘 여성잡지들은 거의 빠짐없이 식품에 대한 기사를 다룬다. 내용은 대체로 식품을 구입할 때의 지혜 또는 비결인 경우가 많다. 그런데 기사를 읽다보면 한결같이 오직 식품을 싸게 구입하는 데에만 초점을 맞추고 있다. '간장 138엔, 설탕 98엔' 등과 같은 최저 가격표까지 제시하며, 그야말로 현명한 주부란 식품을 가장 싸게 구입하는 사람으로 정의한다.

물론 식품을 싸게 구입하는 일도 중요할 것이다. 하지만 싼 이유에 대해서도 한 번쯤은 생각해봐야 한다. 1,000엔짜리 간장이 있는데 왜 어떤 것은 198엔이라는 터무니없는 가격으로 세일하고 있을까. 여기에 존재하는 약 다섯 배의 가격 차이는 무엇을 의미할까. 제품 뒷면에 기재된 표기에 답이 있다.

그러나 대부분의 소비자들은 업체가 의무적으로 제공하는 최소한의 정보마저 외면한다. 그들의 관심사는 오직 싸게만 구입하는 것이다. 그것이 현명한 소비생활이라고 착각한다. 이 점에 대해서는 잡지를 비롯한 미디어들에도 책임이 있다.

조미료는 '음식의 혼'이다. 현대인의 식생활이 조미료로부터 붕괴되어가고 있다.

3장

베일에 싸인 첨가물 세계

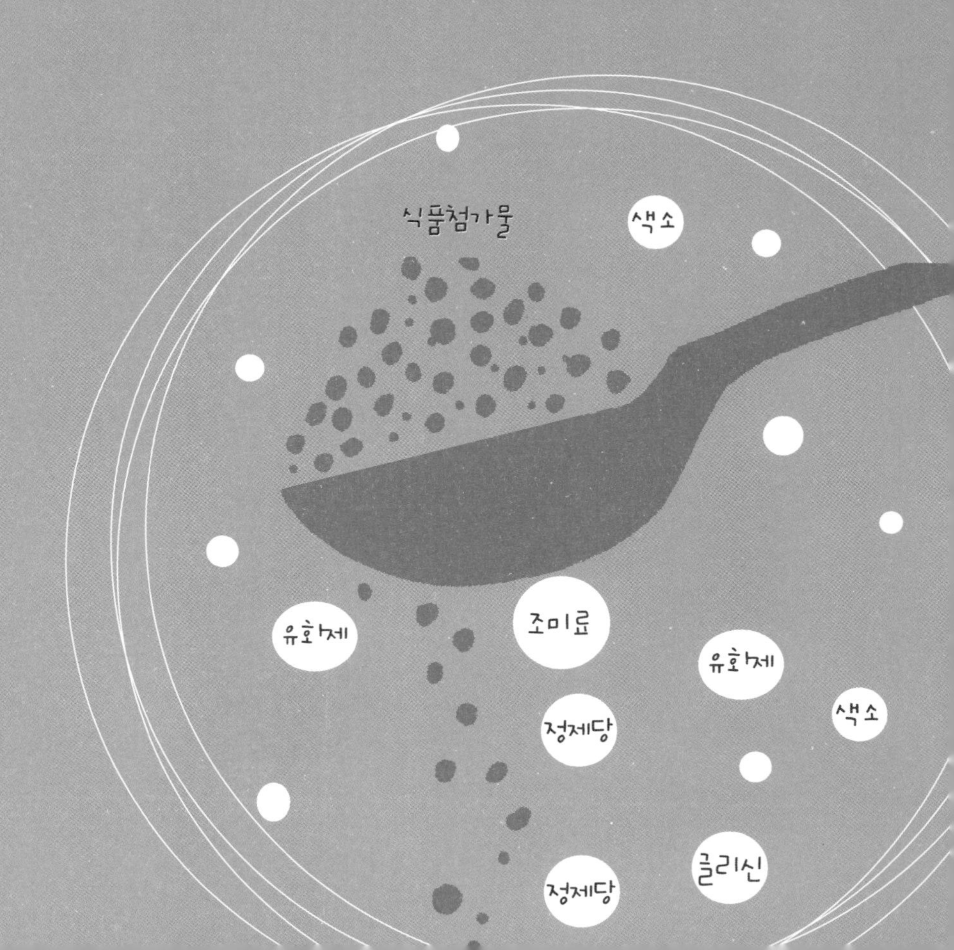

커피_크리머의_정체_ _◉

일전에 한 커피숍에서 있었던 이야기 한 토막.

젊은 여성이 휴대폰으로 어딘가에 전화를 하고 있었다. 방금 테이크아웃으로 구입했는지 커피 몇 잔을 봉투에 넣어 조심스레 들고 있었다.

"커피는 샀거든. 근데 밀크는 몇 개 가져갈까?"

보아하니 회사 동료 또는 친구의 부탁을 받고 커피를 대신 사러 온 것으로 보였다.

"○○랑 △△는 자리에 없다고? 그러면…… 음, 알았어. 적당히 가지고 갈게. 어차피 공짜니까."

그녀 앞에는 낱개로 포장된 커피 크리머 팩들이 산더미처럼 쌓여 있었다. 모두가 무료로 제공되는 것들이다. 대여섯 개를 집어 봉지에 던져 넣은 그녀는 총총히 숍을 빠져나갔다.

커피 크리머. 우리에게는 '프림' 이라는 이름으로 더 친근한 그것들은 왜 무료로 서비스되는 것일까. 평소에 우리는 당연한 듯 여기고 있지만 생각해보면 이상한 일이다.

나는 강연회 같은 곳에서 가끔 "커피 크리머를 무엇으로 만든다고 생각하느냐"고 질문한다. 대부분 이 질문에 선뜻 대답을 하지 못한다. 이제까지 한 번도 생각해본 적이 없다는 뜻이다. 약 절반 정도가 머뭇거리다 대답을 하는데, 우유 또는 생크림이라고 말한다.

결론부터 말하자면 유감스럽게도 커피 크리머는 우유나 생크림으로 만드는 것이 아니다.

주원료는 유지다. 식물성유지에 물을 넣어 섞되, 밀크 제품처럼 보이게 하기 위해 첨가물로 탁하게 만든다. 이것이 우리가 커피를 탈 때 습관적으로 넣는 이른바 프림의 정체다. 유지를 사용하니 우유나 생크림을 사용하는 것과는 비교가 안 될 정도로 싸다. 즉, 무료로 서비스해도 그다지 부담되지 않는다는 이야기다.

이 사실은 포장 뒷부분을 보면 쉽게 알 수 있다.

'식물성유지, 유화제, 증점제, pH조정제, 착색료, 향료.'

아무리 눈을 비비고 봐도 밀크 계통의 원료는 찾아볼 수 없다. 그러고 보니 '커피용 크림' 또는 '커피 프레시' 와 같은 표기는 있지만 유제품이 사용됐다는 말은 한마디도 없음을 알 수 있다.

그런데 그나마 원료 표기도 낱개 포장에는 되어 있지 않다. 작은 팩들을 담은 큰 봉지에만 기재되어 있을 뿐이다. 현행 식품위생법에서는 일정 크기 이하의 작은 포장에는 일일이 표기하지 않아도 되는 것으로 규정하고 있다.

그러나 이 규정은 중대한 맹점일 수 있다. 패밀리레스토랑을 비롯한 외식업소에서는 안에 들어 있는 팩 포장만 꺼내놓는다. 따라서 소비자는 겉봉지에 표시해놓은 정보를 확인할 방도가 없다.

물, 기름, 화학물질이 크리머로 환생

물과 기름을 섞어 탁하게 만들면 마치 우유처럼 보인다고 했는데, 이 두 물질의 특성을 조금이라도 아는 사람은 의아하게 생각할 것이다. 물과 기름을 어떻게 섞을까?

그렇다. 물과 기름은 그대로는 섞이지 않는다. 그래서 필요한 것이 첨가물이다. 계면활성제의 일종인 '유화제'가 바로 그것. 말 그대로 이 물질을 넣으면 물과 기름의 경계가 없어져 순식간에 유화乳化된다. 즉, 우유처럼 된다는 뜻이다.

그러나 이 유화물은 색깔만 비슷할 뿐이지 우유에서 느껴지는 점성이 전혀 없다. 그 문제는 어떻게 해결할 것인가. 역시 첨가물이다. 이번에는 증점제를 넣는다.

다행히 유화제와 증점제는 일괄표시 품목이다일괄표시란 같은 용도의 첨가물은 일일이 명칭을 기재하지 않고 용도명 하나만 표기해도 무방하다는 식품위생법의 규정임 – 역자 주. 따라서 이 두 물질과 동일한 목적의 첨가물들은 아무리 여러 종류를 사용한다 해도 별도로 표기할 의무가 없다.

마무리 단계에서 캐러멜색소를 넣는다. 이 색소를 넣는 이유는 갈색톤을 희미하게 비치게 함으로써 진한 우유로 만든 듯한 느낌을 주기 위해서다. 마지막으로 보존 기간을 늘리는 pH조정제를, 맛을 비슷하게 하는 향료를 넣는다.

이런 방법으로 만든 변칙 커피 크리머, 많은 사람들이 우유로 만드는 줄 알고 있지만 실은 물과 기름과 첨가물로 만든 모조품인 것이다. 차라리 '밀크맛 샐러드유' 라는 용어를 사용하는 편이 낫겠다.

나는 강연회장에서 직접 모조 크리머를 만들어 보이곤 한다. 물과 기름이 일순간에 백탁액白濁液으로 변하는 모습이 마치 마술처럼 보이는 모양이다. 많은 사람들이 화들짝 놀라며 함성을 지른다. 식품의 이면裏面의 구린내란!

모조 커피 크리머의 원재료

식물성유지	글리세린지방산에스테르	구연산나트륨
카제인나트륨	증점제(다당류)	캐러멜색소
변성전분	구연산	향료(밀크향)

※ 업체에 따라 다소 다를 수 있음.

▶ 우유, 생크림은 한 방울도 사용되지 않음.

물론 식물성유지를 사용하여 커피 크리머를 만들면 안 된다는 법률 규정은 없다. 그러나 모조 크리머는 양심의 가책을 받아 마땅하다. 소비자들은 이를 유제품으로 믿고 있지 않은가. 가공식품 세계에서 이런 속임수 제품은 도처에 널려 있다.

하지만 이것이 제조업체만의 책임인가? 그렇게 질문하고 보면 소비자도 자유로울 수 없다. 커피숍이나 레스토랑 같은 곳에서 커피 크리머를 산더미처럼 쌓아놓고 마음대로 가져가게 하는 데 대해 한 번쯤은 생각해봐야 하지 않을까. 물론 그런 식으로 무료로 제공하는 제품이라고 해서 무조건 백안시해서는 안 되지만 말이다.

가짜가 판치는 오늘날, 식품 소비자에게 절실한 덕목은 의문과 문제의식이다. 의문과 문제의식을 가지면 정통 제품을 식별할 수 있는 혜안이 생긴다. 그 사실을 직시하지 않는 한 식문화는 영원히 매도될 수밖에 없다.

표시_기준의_맹점 _일괄표시_ _⊙

정오가 좀 지나 다소 한가해진 어느 편의점, 샐러리맨 Y씨(35세)가 들어왔다. 점심을 도시락으로 때울 참이었는지 초밥 코너를 두리번거리고 있었다. 초밥을 몇 개 고르더니 뒷부분의 표기 내용을 하나하나 살핀다.

"요즘 하도 말들이 많아서 말이죠. 잘 보고 사먹어야 될 것 같아요. 집사람도 늘 그런 얘기만 하죠. 근데 이거 원, 라벨을 봐도 도무지 모르겠으니……."

이렇게 말하며 그는 연어 초밥 하나를 집어 들었다. 그 제품에 표기된 첨가물은 pH조정제, 글리신, 조미료(아미노산 등)뿐으로 다른 초밥들에 비해 훨씬 적었다.

"이게 좀 첨가물이 덜 들어갔네요. 세 가지만 씌어 있으니……. 이걸로 할래요."

그는 초밥을 들고 계산대로 갔다.

그러나 그날 Y씨가 구입한 초밥에는 첨가물이 세 가지만 들어간 것이 아니었다. 적게 잡아도 여섯 가지, 많게는 열 가지가 넘을 수도 있다. 표기된 것은 오직 세 가지인데 왜 그럴까?

여기에 '일괄표시'의 맹점이 숨어 있다. 일괄표시一括表示란 여러 가지의 첨가물을 하나로 묶어 표시한다는 뜻이다. 이를테면 유화제를 사용하는 경우, 서너 가지 화학물질을 함께 쓰더라도 그냥 '유화제'라는 표기 하나만 해주면 된다. 마찬가지로 '향료'라는 표기만 해주면, 향을 아무리 여러 가지 써도 무방하다.

Y씨가 구입한 초밥을 다시 한 번 보자. pH조정제를 쓴 것으로 되어 있다. 이 첨가물은 식품의 변질이나 변색 등을 막기 위해 쓴다. 그런데 실제로 여기에 들어간 pH조정제는 한 가지 물질이 아니다. 구연산나트륨, 초산나트륨, 후말산나트륨, 폴리인산나트륨과 같은 물질의 집합체다. 이런 경우 보통 4~5종류의 물질들이 사용된다. 여러 종류를 함께 써야 효과가 확실해지기 때문이다.

일괄표시는 공식적으로 허용된 규정이다. 가급적 알기 쉽게 한다는 미명으로 식품위생법에서 인정하고 있다. 그러나 그 방법이 과연 알기 쉬운 것일까. 일괄표시는 첨가물업체 또는 식품업자들의 입장을 고려해서 제정한 규정으로 보아 마땅하다. 이상한 화학물질들이 몇 가지씩 표시되어 있으면 업체 입장에서는 꼴사납기 그지없을 것이다. 일괄표시 덕분에 단지 pH조정제라는 용어 하나로 깨끗이 해결된다. 앞에서 보았다시피 소비자도 첨가물이 적게 사용된 것으로 믿어준다.

뿐만 아니라 후말산나트륨, 폴리인산나트륨 따위와 pH조정제라는 용어 가운데 어느 쪽이 더 친근감이 있는가. 아무리 첨가물 문외한이라 하더라도 복잡한 화학물질명이 기재되어 있으면 거부감을 느낄 것이 뻔하다. 이런 점 역시 업체 입장에서는 고마운 일이다.

요컨대 향료, 이스트푸드 등과 같은 이름으로 표기되었다면 일괄표시에 해당하는 것으로 보아 틀림없다. pH조정제도 물론 마찬가지다. 여기에 몇 가지 첨가물이 얼마만큼 사용됐는지 일반 소비자로서는 알 턱이 없다.

특히 향료의 경우 약 600종에 해당하는 첨가물을 이용하여 원하는 향이 발현되도록 조합할 수 있다. 이 작업은 워낙 복잡하여 향료업체 외에는 아무도 모른다. 일괄표시 첨가물은 사용 기준 제한이 없다.

역자 주 》》》

2006년 9월 7일부터 시행되는 〈식품 등의 표시 기준 개정안〉에 따르면 우리나라도 일본과 크게 다르지 않을 것으로 전망된다. 첨가물의 경우 일괄표시 규정을 적용하도록 되어 있어 일본에서 발생하는 혼란이 우리나라에서도 그대로 발생할 공산이 크다.

웬만한 식품이라면 뒷면에 '조미료(아미노산 등)' 라는 표기가 빠지지 않는다. 이는 무엇을 넣었다는 뜻일까. 다름 아닌 화학조미료를 의미한다. 여기에 씌어 있는 '등等' 이라는 글자는 편리한 말이자 위험한 용어이기도 하다. 그 글자가 들어감으로써 모든 화학조미료를 대변할 수 있기 때문이다.

일단 이 표기는 글루타민산나트륨, DL-알라닌, 글리신 등의 아미노산계는 물론이고, 이노신산나트륨과 같은 핵산계 조미료까지 실로 광범위하게 아우른다. 이 표기만 들어가면 몇 가지 조미료를 넣어도 상관없으니 참으로 편리한 방편이 아닐 수 없다.

만일 '글루타민산나트륨(화학조미료)' 이라고 표기해야 한다면 어떨까. 한눈에 화학조미료가 들어갔음을 눈치 챌 것이다. 그러나 '조미료(아미노산 등)' 라는 표기를 보고 화학조미료를 연상할 소비자는 많지 않다. 게다가 요즘 들어서는 아미노산 붐까지 일고 있지 않은가. 아미노산은 건강에 좋은 물질이라는 생각이 소비자 마음을 지배하고 있으니 설상가상이다.

화학조미료의 주성분인 글루타민산은 물론 자연계에 존재하는 아미노산의 일종이다. 이 물질은 구수한 맛이 다소 느껴지긴 하지만 오히려 시큼한 맛이 강해, 단독으로는 조미료로 쓰이는 일이 거의 없다. 그러나 이것이 알칼리 성분과 만나면 맛이 돌변한다. 대표적인 것이 나트륨에 의해 중화된 글루타민산나트륨이다. 이른바 MSG로 더 많이 알려져 있는 이 물질은 소량으로도 쇠고기 국물의 깊은 맛을 내는 강력한 조미료다. 따라서 화학조미료는 굳이 표기를 하자면 '조미료(아미노산 화합물 등)' 라고 해야 타당하다.

"어머! 여기 아미노산이 들어 있대. 좋겠다."

비빔 양념 분말을 고르는 젊은 여성 몇 명이 제품을 들여다보며 소리친다. 화학조미료 표기를 보고 아미노산을 섭취할 수 있어 좋다는 말을 하는 것이다. 이런 광경을 볼 때마다 나는 기가 막힌다. 현대인은 정상적인 식생활만으로도 필요한 아미노산을 충분히 섭취할 수 있다. 음식을 통해 섭취하는 아미노산이 질적으로도 더 좋다. 애써 아미노산 강화 식품을 찾아 먹을 이유가 없다.

칼슘의 경우도 이와 비슷하다. 슈퍼에 가보면 탄산칼슘을 사용한 식품들이 봇물을 이룬다. 식품에 탄산칼슘을 넣는 목적은 무엇일까. 탄력성을 높여서 씹는 느낌을 좋게 하기 위해서다. 그러나 식품회사는 은근슬쩍 다른 점을 강조한다. 마치 칼슘 강화 식품인 양 선전하는 것이다. 이현령비현령, 아전인수식 처사 치고는 너무나 속이 들여다보인다.

물론 탄산칼슘에 들어 있는 칼슘도 칼슘임에는 틀림없다. 골 조직을 튼튼하게 하는 기능이 전혀 없지는 않을 것이다. 하지만 과연 그것을 시금치나 멸치에 들어 있는 천연칼슘과 견줄 수 있을까. 한마디로 어불성설이다.

화학물질을 몇 가지씩 쓰고도 용도명 하나로 간단히 때울 수 있는 일괄표시. 떳떳하지 못한 성분을 숨기고 싶어하는 업체의 본능을 기막히게 충족하는 묘안이다. 이 규정이 있는 한 식품업체는 첨가물을 사용하기가 100배 자유롭다. 어쩌면 자제력이라는 속박까지도 풀어줄지 모른다. 즉, 업체로서는 이 규정의 허점을 이용하려는 생각도 들 수 있다는 뜻이다.

"이거랑 이거는 일괄표시로 합시다. 모두 유화제니까."

"이건 pH조정제로 묶을 수 있잖아."

첨가물을 가급적 숨기려 하는 업체의 제품 담당자들은 이런 식으로 일괄표시 제도를 최대한 이용하려 할 것이다. 나아가 더 의도적으로 여러 물질의 조합을 검토할 수도 있다.

"기왕 산미료라고 표기할 바에는 두 가지를 더 섞읍시다."

지금 식품 개발 현장에서는 이런 일들이 비일비재하게 일어나고 있다. 하지만 소비자들이 그런 내막을 알 턱이 없다.

첨가물이란 무릇 한 가지 역할만 하는 것이 아니다. 하나의 물질이 산화방지제로도 사용될 수 있는가 하면 유화제로도 사용될 수 있다. 첨가물 세계에는 용도 면에서 뚜렷이 구분되지 않는 물질들이 많다.

예를 들어보자. 구연산나트륨은 흔히 pH조정제로 사용된다. 식품의 보존 기간을 늘려주는 효과가 있다. 그런데 이 물질에는 풍미를 강화시

일괄표시의 예

용도명	사용 목적	해당 첨가물 예
1. 이스트푸드	빵에 사용, 이스트균 활동 촉진	염화암모늄, 황산칼슘, 염화마그네슘, 브롬산칼륨 등
2. 견수[梘水]	중화면의 촉감, 색, 풍미를 좋게 함	탄산칼륨, 탄산나트륨 등
3. 향료	식품에 여러 향미를 부여함	이소길초산에틸 등 합성물질 96품목, 천연물질 약 600품목
4. 조미료	구수한 맛을 냄	글루타민산나트륨, 호박산이나트륨, 5′-리보뉴클레오티드나트륨 등
5. 유화제	물과 기름을 잘 섞이게 해줌	글리세린지방산에스테르, 카제인나트륨, 레시틴 등
6. pH조정제	식품의 산도 조정, 변색 · 변질 방지	구연산, 사과산, 초산나트륨 등
7. 팽창제	빵이나 쿠키 등을 팽창시킴	탄산수소나트륨, 염화암모늄, 주석산수소칼륨 등
8. 효소	치즈, 물엿 등의 제조 및 품질 향상	아밀라아제, 펩신, 프로테아제 등
9. 껌베이스	추잉껌 기초 물질	초산비닐, 에스테르검 등
10. 연화제	추잉껌의 부드러운 감촉 유지	글리세린, 프로필렌글리콜 등
11. 응고제	두유를 굳혀서 두부로 만듬	염화칼슘, 글루코노델타락톤, 염화마그네슘 등
12. 산미료	식품에 신맛을 부여함	구연산, 유산, 초산, 아디핀산 등
13. 광택제	과자 등에 광택을 줌	쉘락, 목랍, 밀납 등
14. 고미료	식품에 씁쓸한 맛을 줌	카페인, 호프 등

※여러 첨가물을 쓰더라도 사용 목적이 같은 경우에는 용도명 하나만 표기해주면 됨. 총 14종.

켜주는 기능도 있다. 이 점을 이용하면 '조미료(아미노산 등)' 표기가 있는 식품의 경우, 구연산나트륨을 쓰더라도 pH조정제 표기 의무가 사라진다. 즉, 구연산나트륨을 조미료로 일괄적으로 표시할 수 있다는 뜻이다. 한편 이 물질을 치즈에 사용하면 유화제가 된다.

결국 일괄표시 규정은 '생산자 마인드'의 산물이자 일종의 트릭이다. 그것은 업체로 하여금 '눈 가리고 아웅' 하는 사고를 부추긴다. 그리고 첨가물을 더 많이 쓰게 하는 풍토를 조성한다.

또_다른_맹점_표시_면제__⊙

첨가물 표시의 맹점 한 가지만 더 짚고 넘어가자.

그렇다면 지금까지 지적한 일괄표시 품목을 제외하면 소비자가 모든 첨가물을 확인할 수 있는 것일까. 유감스럽게도 그렇지 않다. 다음 네 가지 사례에 해당할 경우에는 표기하지 않아도 되는 것으로 공식 허용되어 있다.

① 캐리오버carry over에 해당하는 경우

② 해당 물질이 제품에 잔존하지 않는 경우

③ 포장하지 않는 제품 또는 매장에서 직접 제조한 제품의 경우

④ 포장 크기가 작은 경우

이른바 '표시 면제' 규정으로서, 이 제도 역시 첨가물 남용의 온상이 되고 있다. 각각에 대해 구체적으로 문제점을 살펴보자.

① 캐리오버, 사용은 했지만 표기 의무는 없어!?

캐리오버란 어떤 반제품을 원료로 사용하는 경우 그 반제품에 들어 있는 물질이 그대로 최종 제품으로 이행되는 현상을 일컫는다. 이를테면 고기를 잴 때 간장을 사용했다면 간장 속에 들어 있는 첨가물들이 고기에도 들어가게 되지만 이런 경우, 간장에 들어 있는 첨가물들은 표시할 필요가 없다.

앞에서 알아보았듯 간장맛 조미료에는 수많은 첨가물이 들어 있다. 하지만 그 모조 간장을 사용한 불고기 양념에는 첨가물 표시가 전혀 없다. 단지 '간장'이라고만 표시하면 된다. 이러한 캐리오버 사례는 무수히 많다. 술에 들어 있는 산미료 또는 화학조미료, 마가린의 유화제나 산화방지제와 같은 첨가물도 모두 여기에 해당된다.

만일 캐리오버된 첨가물도 죄다 표기해야 한다면 가관일 것이다. 이 제도는 업체에게는 대단히 고마운 규정이지만 소비자에게는 불행한 규정이다. 이 제도가 존재하는 한 첨가물을 모르고 먹는 일은 피할 수 없다.

② 제품에 남지만 않으면 표시하지 않아도 돼!?

"야채들을 조그맣게 썰어서 파는 거 있잖아요. 우리는 샐러드 만들

때 꼭 그걸 사서 써요."

가끔 이런 이야기를 하는 주부를 만난다. 이유는 씻고 다듬고 써는 시간을 아낄 수 있는 데다 시들지 않고 잘린 부위가 늘 원형 그대로를 유지하기 때문이란다.

또 이런 경우도 간혹 있다. 건강을 위해 야채를 많이 먹어야 한다고 생각하는 샐러리맨이나 직장 여성들. 점심시간이면 잽싸게 편의점 같은 곳으로 달려가 포장 야채를 구입해오곤 한다. 보통 투명한 플라스틱 용기에 담겨 있는 이 야채들은 한결같이 깨끗하고 신선하다.

도시락과 함께 먹을 수 있도록 포장해서 파는 각종 야채들, 또는 샐러드용으로 파는 포장 야채들. 이 제품들은 왜 그토록 신선해 보이는 것일까. 혹시 약품을 쓴 것이 아닐까? 그렇다. 여기에는 차아염소산나트륨이라는 살균제가 사용된다. 하지만 아무리 눈을 씻고 봐도 살균제를 썼다는 표시는 없다. 왜일까.

가공식품에 첨가물을 사용했더라도 그 물질이 남아 있지 않으면 굳이 표시하지 않아도 된다는 규정이 있다. 이를테면 제조 과정에서 첨가한 어떤 물질이 중화된다든가 휘발한다든가 해서 제거된다면 표기 의무가 없어진다는 것이다.

예를 들어보자. 통조림으로 가공된 밀감은 속껍질까지도 벗겨져 있다. 이것을 일일이 사람이 깠을까. 물론 아니다. 염산을 사용하여 껍질을 녹여낸다. 그리고 염산을 중화시키기 위해 카제인나트륨을 넣는다. 밀감 통조림에는 물론 염산이 남아 있지 않다. 그래서 표시하지 않아도 된다는 것이다.

앞에서 언급한 포장 야채도 '살균제(차아염소산나트륨)' 라는 식으로 표시해야 마땅하다. 그러나 최종 야채 제품에는 남아 있지 않으니 표기 의무가 면제된다. 이 사실은 소비자의 알 권리를 침해하는 중대한 허점일 수 있다.

참고로 포장 야채의 소독 현장을 보자. 살균제액이 들어 있는 큰 통이 놓여 있다. 여기에 일정 크기로 자른 야채들을 집어넣는다. 이 작업은 한 번으로 끝나는 것이 아니다. 약품의 농도를 바꾸면서 여러 차례 시행한다. 그뿐만이 아니다. 사각사각한 식감을 낼 필요가 있는 경우에는 pH조정제 통을 추가로 또 거친다. 이 광경을 보면 섬뜩한 생각이 들어 도저히 먹고 싶은 마음이 생기지 않는다. 그러나 모두들 모르기 때문에 먹는다. 건강에 좋을 것이라고 생각하고 말이다.

이런 사례에서도 의문의 중요성을 새삼 느낀다. 집에서 야채를 썰면 잘린 부위가 금세 누렇게 변하는데 왜 포장된 제품은 그토록 신선해 보이는 것일까. 칼질하는 기술이 다르기 때문일까. 이런 질문을 던져 보면 뭔가 심상치 않음을 눈치 챌 수 있을 것이다.

③ 비포장 제품 또는 즉석 제조품, 뭘 썼는지 도무지 알 길이 없어!?

식품은 대개 포장하기 마련이지만, 포장하지 않은 채로 파는 경우도 제법 많다. 점포 안에서는 마음대로 먹을 수 있도록 쌓아놓고 파는 각종 과자들, 베이커리점에서 쟁반을 들고 다니며 고르는 다양한 빵들, 편의상 '누드 판매품'이라고 할까? 이런 식품들도 첨가물 표기 의무가 없다. 넓게 보면 생선가게에서 파는 각종 생선들도 여기에 해당된다.

또 매장에서 직접 제조된 제품도 마찬가지다. 이를테면 김밥이나 도시락의 경우 그곳에서 만들었기 때문에 역시 표기 의무가 없다. 사실 레스토랑의 여러 메뉴들도 이 범주에 든다. 물론 반찬가게에서 파는 여러 품목들도 여기에 해당되는데, 요즘 이런 곳에서는 오히려 사용한 원료들을 크게 써 붙이는 추세다.

포장하지 않는다고 해서, 또는 자기가 만들어 판다고 해서 과연 표시하지 않아도 되는 것일까? 이 규정도 큰 문제를 안고 있다.

예를 들어보자. 일반 크림빵에는 무조건 유화제, pH조정제, 보존료 등이 들어간다. 이들 첨가물은 포장된 제품이라면 예외 없이 표기해야 한다. 즉, 소비자에게 그대로 노출된다는 뜻이다. 그러나 '요상한' 규정 덕분에 제과점 크림빵에 들어 있는 이 물질들은 꼭꼭 숨는다. 그런 것이 사용됐는지 소비자가 알 턱이 없다.

④ 포장 크기가 작은 것, 라벨 때문에 제품이 안 보일까봐!?

캔디나 껌을 비롯한 각종 과자들 중에는 작게 포장되어 나오는 제품들이 있다. 이런 제품에도 표시 면제의 규정이 적용된다. 일정 크기 이하의 제품인 경우 원료를 일일이 기재하지 않아도 좋다는 규정이 있기 때문이다. 앞에서 살펴보았던 소형 팩의 커피 크리머도 여기에 해당된다.

이 규정 역시 소비자의 알 권리를 무시한 발상이다. 모조 커피 크리머의 경우는 앞에서 설명했듯 보통 7~8종의 첨가물이 사용된다. 그러나 소비자는 그 사실을 확인할 길이 없다.

만일 첨가물을 죄다 적어야 한다면 라벨을 꽤나 큼직하게 붙여야 할 것이다. 과자는 물론이고 샌드위치, 도시락 등의 전면에 라벨만 덩그러니 붙어 있는 모습을 상상해보시라. 역시 가관일 것이다. 그러나 그렇다고 알려야 할 것을 알리지 않아도 되는 것일까. 그런 핑계가 속임수의 수단으로 활용되어서야 되겠는가.

식품업계도_정보를_공개해야_ _⊙

시종 섬뜩한 이야기만 이어져서 송구스럽다. 그러나 독자 여러분에게 겁을 주기 위한 의도는 전혀 아니다. 다만 표기 내용만을 통해서는 알 수 없는, 베일에 싸여 있는 식품첨가물의 진상을 알리고 싶을 따름이다.

오늘날 가공식품과 관련된 첨가물의 현주소는 너무나 복잡하고 또한 불투명하다. 일반 소비자로서는 그 내막을 안다는 것이 거의 불가능하다. 어느 식품에 어떤 첨가물이 얼마만큼 또 무슨 목적으로 사용되는 것일까. 밤과 낮이 묵묵히 이어지듯 때가 되면 여지없이 우리 입을 찾아오는 수많은 식품들. 그것들은 어떤 방법을 통해 만들어지는 것일까. 대단히 중요한 일임에는 틀림없으나 알 길이 묘연하다.

정보의 균등 분배는 현대 사회가 건강하게 발전하기 위한 필수 요건이다. 의료 분야는 물론이고 정치, 금융 등의 세계에서는 요즘 한창 정보 공개의 목소리가 드높다. 그러나 식품업계는 어떤가. 정보 공개의 당위성이라면 식품업계라고 뒤지지 않는다. 다른 분야는 구태를 벗기 위해 뼈를 깎는 고통을 감내하건만, 유독 식품업계만은 모르쇠로 일관한다.

바야흐로 웰빙 시대다. 과연 웰빙이 '자기 건강은 자기가 알아서 한다' 는 뜻일까?

4장

오늘 내가 먹은 식품첨가물

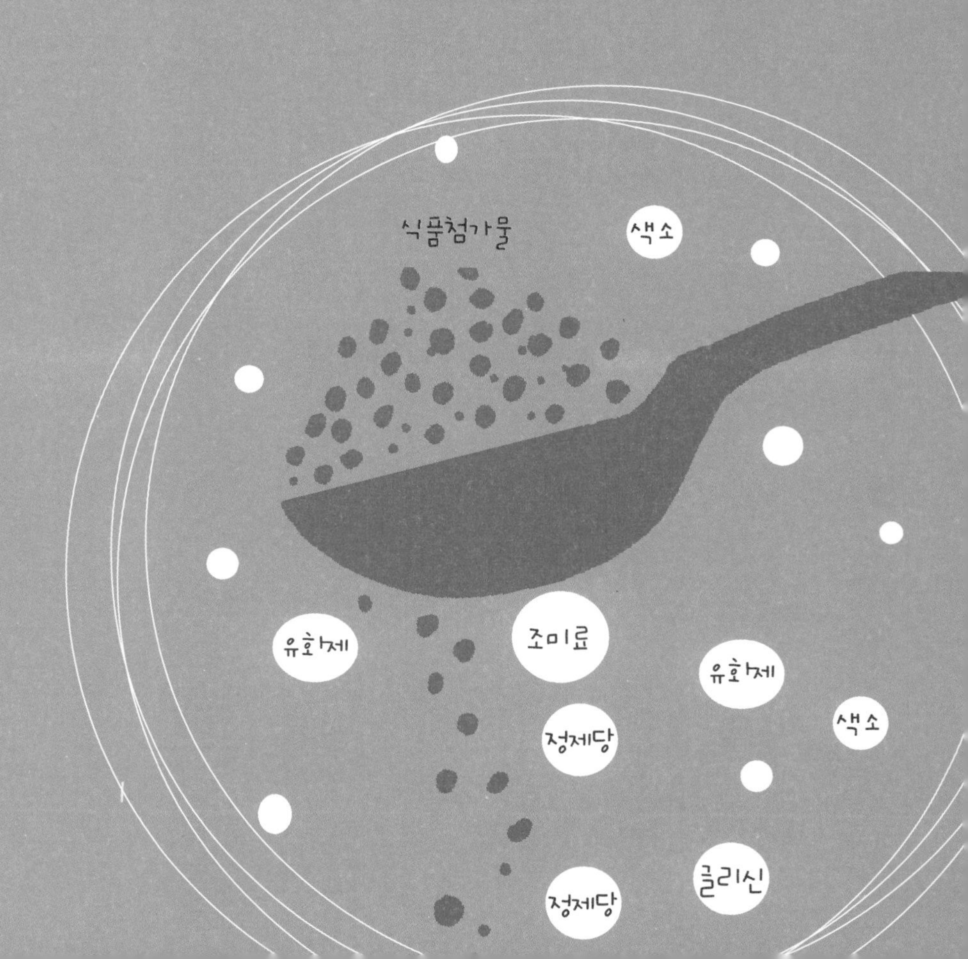

과잉_섭취를_피할_수_없는_현실__⊙

지금까지는 식품의 베일에 싸인 부분, 즉 어느 식품에 어떤 첨가물이 사용되었으며 어떻게 만들어지는지에 대한 이야기를 했다. 여기서는 그 식품을 먹는 소비자의 입장에 서서 이야기해보기로 하자.

먼저 질문 한 가지.

도대체 우리는 하루에 어느 정도의 첨가물을 먹고 있는 것일까?

확신하건대 그 양은 우리가 생각하는 것보다 훨씬 많다.

일반적으로 일본인이 먹는 첨가물의 양은 하루 평균 10그램 수준으로 알려져 있다. 연간으로 치면 약 4킬로그램에 해당한다. 보통 하루의 식염 섭취량이 11~12그램인 점을 고려할 때, 첨가물도 식염과 거의 같은 양을 먹는 것으로 짐작된다.

그러나 이 수치에는 변수가 많다. 사람에 따라 다를 수 있고, 식생활 방식에 따라서도 달라질 수 있다. 첨가물이란 것이 모르고 먹는 경우가 많기 때문에 더욱 그렇다.

비근한 예로 편의점의 '삼각김밥'을 먹었다고 치자. 흔히 이런 음식에는 첨가물이 들어가지 않으려니 생각한다. 그러나 표기 내용을 보면 꽤나 많은 종류의 첨가물이 사용되고 있음을 알 수 있다. 다시마 농축액을 넣어 만든 일반 삼각김밥의 경우 기본적으로 화학조미료가 들어간다. 그리고 여기에 글리신, 캐러멜색소, 증점제, 솔비트, 감초, 스테비아, 폴리리신 등의 물질들이 따라붙는다.

그뿐만이 아니다. 삼각김밥은 밥 자체에도 첨가물이 사용된다. 깊은 맛을 주기 위해 화학조미료나 효소와 같은 물질을 쓰고 보존 기간을 늘리기 위해 글리신을 넣는다.

또 유화제나 식물성유지도 사용되곤 하는데, 이 물질들은 밥을 차지게 하고 윤이 흐르게 하며 공장의 기계에 달라붙지 않게 해주고 먹을 때 부드러운 식감을 제공한다.

"오늘은 왠지 밥하기가 싫은데, 삼각김밥으로 때울까?"

누군가 이렇게 말했다면 그 사람은 10종류에 가까운 첨가물을 먹겠다는 뜻이다.

미혼_샐러리맨_N씨의_하루__⊙

지금부터 매일 먹는 첨가물에 대해 좀 더 구체적으로 살펴보자. 마침 한 미혼 샐러리맨의 사례를 입수할 수 있었다. 그는 편의점 마니아다. 이름은 N씨(25세).

혼자 살고 있는 N씨는 여간해서 밥을 짓는 일이 없다. 특히 평일은 회사 일로 바쁜 탓에 식사를 거의 편의점이나 슈퍼에서 사서 해결한다고 한다. 그렇다면 과연 그는 하루에 어느 정도의 첨가물을 섭취하고 있는 것일까?

■ 아침식사 _ 햄샌드위치

N씨는 아침식사를 편의점에서 구입한 샌드위치로 가볍게 해결한다. 햄을 넣어 만든 샌드위치다. 뒤쪽의 라벨을 보면 첨가물 13가지가 기재되어 있다(도표 참조). 그런데 여기서 주의해야 할 것은 유화제, 이스트푸드, 조미료, pH조정제, 인산염, 향료 등의 표기다. 이것들이 바로 일괄표시 규정이 적용된 사례다. 한 품목에 보통 2~3가지 물질이 들어가 있다고 보면 된다. 그렇게 생각하면 N씨는 아침에만 줄잡아 20가지가 넘는 첨가물을 먹는다는 뜻이다. 샌드위치 하나 먹는데도 말이다.

더욱 재미있는 것은 〈보존료와 합성착색료는 사용하지 않았습니다〉라는 표기다. 이 표기는 더 큼직한 글씨로 씌어 있다. 그 제품에는 틀림없이 소르빈산 같은 보존료라든가 적색3호 같은 타르색소는 사용되지 않았을 것이다. 그래서 업체는 그런 위험한 물질은 들어 있지 않다는 점을 강조하고 싶었을 것이다.

대신 그 샌드위치에는 카로티노이드와 코치닐색소가 사용됐다. 이 색소들은 천연색소다. 여기서 카로티노이드는 야채에서 발견되는 색소이니 안전하다고 치자. 문제는 코치닐색소다. 이 색소는 선인장에 기생하는 곤충인 연지벌레coccid를 건조 · 분쇄하여 추출한 물질이다. 투명한 듯 맑은 핑크색이 특징인데 산도pH를 바꾸어주면 수려한 오렌지색을 띤다.

요즘 건강음료라는 이미지를 잘 부각시킨 한 대기업의 섬유소 강화음료가 직장 여성을 중심으로 인기를 모으면서 날개 돋친 듯 팔리고 있다. 이 음료의 신비한 오렌지색이 바로 코치닐색소의 작품이다. 젊은 여성들은 몸에 좋은 줄 알고 마시지만, 벌레 가루로 만든 색소가 들어 있다고 하면 무슨 생각이 들까. 벌레를 먹는다고 시비하자는 것이 아니다. 이 색소는 남아메리카 지역에서 예로부터 옷감을 염색하는 데 사용되어왔다는 사실이 문제다. 알고 나면 기절초풍할 노릇이다.

아무튼 N씨는 아침에만 20종이 넘는 첨가물을 섭취했다.

햄샌드위치
원재료 _ 빵, 계란, 햄, 마요네즈, 양상추
첨가물 _ 유화제, 이스트푸드, 산화방지제, 화학조미료, pH조정제, 글리신, 인산나트륨, 카제인나트륨, 증점제, 발색제(아질산나트륨), 착색료(카로틴, 코치닐색소), 향료

■ **점심식사 _ 도시락(식품점 판매)과 인스턴트 커피**

회사에서도 늘 서류에 파묻혀 생활하는 N씨, 점심시간조차 책상을 등질 수 없다. 점심식사는 주로 근처의 식품점에서 사온 도시락으로 해결한다. 식사를 빨리 마치고 또 일을 해야 하기 때문이다.

N씨는 그날도 '돼지고기 도시락'을 사다 먹었다. 그 도시락은 정성이 담긴 듯 보여 그가 평소에 애용하는 품목이다. 반찬도 말끔하게 돼지고기와 김치볶음만 들어 있다. 첨가물을 사용했으리란 생각은 그다지 들지 않는 도시락이다.

그러나 뒷부분의 라벨을 보면 첨가물 이름으로 빼곡히 채워져 있다(도표 참조). 그 가운데에는 pH조정제와 향료도 보인다. 이 첨가물들은

일괄표시 품목이다. 따라서 첨가물이 20종도 넘게 사용되고 있음을 알 수 있다.

식사 후에는 커피를 한 잔 마시고 잠깐 쉰다. N씨가 즐기는 커피는 커피가루에 크림파우더와 설탕이 들어 있는 시중의 일반 인스턴트 제품이다. 커피가루와 설탕에서 첨가물 걱정은 물론 불필요. 문제는 크림파우더다. 이런 커피에 들어 있는 크림이 밀크 제품이 아니라는 것은 앞에서 알아본 대로다. 벌써 몇 가지 첨가물이 눈에 들어온다. 그 가운데 유화제와 향료는 역시 일괄표시 품목. 줄잡아도 6~8종의 첨가물이 들어 있음을 알 수 있다.

결국 N씨는 아침에 먹은 샌드위치, 점심에 먹은 도시락과 커피만으로 벌써 40종류가 넘는 첨가물을 먹은 셈이다. 중복되는 것은 빼고도 말이다.

돼지고기 도시락
원재료 _ 백미, 돈육, 배추, 식물성유지, 고추
첨가물 _ 화학조미료, pH조정제, 글리신, 증점제, 카로티노이드, 글리세린지방산에스테르, 향료, 산미료, 솔비트, 키토산, 산화방지제

커피 크림파우더
원재료 _ 식물성유지
첨가물 _ 유화제, 증점제, pH조정제, 캐러멜색소, 향료

■ **저녁식사 _ 컵라면, 삼각김밥, 참치샐러드**

일을 마치고 집에 오면 저녁은 매일같이 늦을 수밖에 없다. 주변의 식당도 모두 문을 닫은 시간이니 만만한 곳이 편의점이다. N씨가 저녁식사로 구입한 것은 컵라면과 삼각김밥, 그리고 건강을 생각해서 참치샐러드를 추가했다. 표를 보면 알 수 있듯 컵라면에는 20가지 이상의 첨가물이, 삼각김밥에는 10가지 이상의 첨가물이 들어 있다.

그렇다면 참치샐러드는 어떨까. 이것이 '뜨거운 감자' 다. 살균제 통에서 몇 번씩 소독을 거친 바로 그 포장 야채이기 때문이다. 겉보기에는 먹음직스런 참치와 옥수수 알이 양상추의 자연 이미지와 잘 어울린다. 무엇보다 신선해 보이는 점이 N씨의 마음에 들었다.

그러나 옥수수는 괜찮다고 치더라도 참치의 첨가물이 문제다. 화학조미료와 pH조정제 등 5~6종의 물질이 세트로 사용된다. 이렇게 볼 때 그 샐러드에는 대략 10가지 정도의 첨가물이 들어 있는 셈이다. 건강을 표방하는 야채지만 사실은 첨가물 범벅이었던 것이다. 유감스럽게도 일반 소비자들은 그 사실을 잘 모른다.

"늘 컵라면에 삼각김밥이었는데, 오늘은 샐러드도 먹자. 음, 건강이 최고지."

N씨 역시 그 사실을 모르고 있다는 것이 안타깝다. 내일이라고 N씨의 식사가 크게 달라지지는 않을 것이다.

컵라면
원재료 _ 면, 계란, 분말간장, 치킨 농축액
첨가물 _ 화학조미료, 인산염, 단백가수분해물, 증점제, 탄산칼슘, 유화제, 홍국색소, 산미료, 치자색소, 산화방지제, 비타민B1, 비타민B2, 견수梘水, pH조정제

삼각김밥
원재료 _ 백미, 다시마, 간장, 설탕
첨가물 _ 화학조미료, 글리신, 캐러멜색소, 증점제, 솔비트, 감초, 스테비아, 폴리리신

참치샐러드
원재료 _ 양상추, 당근, 양파, 참치, 옥수수
첨가물 _ 유화제, 증점제, 카로티노이드, pH조정제, 화학조미료, 산화방지제

매일_수십_가지의_첨가물이_입으로__⊙

N씨는 하루에 어느 정도의 첨가물을 먹은 것일까? 중복되는 물질을 빼더라도 60종류는 족히 넘을 것이다.

N씨가 자주 이용하는 편의점은 말 그대로 우리 식생활에 많은 편의성을 제공한다. 간단히 허기를 달랠 수 있는 식품들을 다양하게 구비하고 있는데다 제품 가격도 그다지 부담되지 않는다. 슈퍼마켓이나 마트와

같은 대형 식품점도 그런 점에서는 크게 다르지 않다. 그 시설들이 우리에게 베푸는 혜택들은 헤아릴 수 없이 많고 또한 소중하기도 하다. 그러나 그 저렴함과 편리함 뒤에는 무차별적으로 남용되는 첨가물이 있다.

물론 그곳에서 취급하는 식품들을 모조리 부정한다는 의미는 결코 아니다. 나 역시 바쁠 때는 그 식품들을 이용한다. 편리함에 새삼 감사하면서 말이다.

다만 그 편리함이 무턱대고 기뻐만 할 일인지 다시 한 번 생각해보자는 것이다. 불나비가 불빛을 향해 맹목적으로 날아들듯 우리는 편리함에만 지나치게 집착하는 것이 아닐까. 한 가지만 분명히 인식하면 된다. 모든 책임은 소비자 각자에게 있다.

주부의_식생활은_괜찮을까__⊙

한 젊은 샐러리맨의 첨가물 섭취 실태를 살펴봤다. 그러면 이번에는 직접 음식을 만드는 일반 주부의 경우는 어떤지 알아보기로 하자.

올해 38세인 F씨는 세 살짜리 아이를 둔 평범한 주부다. 그녀는 질문에 흔쾌히 응해줬다.

F씨의 이야기를 듣고 보니 그녀는 자신뿐만 아니라 남편의 식생활에도 관심이 많음을 알 수 있었다. 점심식사는 밖에서 혼자 해결하는 경우

가 많지만, 아이가 아직 어려서 아침과 저녁은 거의 집에서 만들어 먹는다고 했다. 그녀는 영양의 균형 섭취를 중시한다고 했다.

그녀의 식생활은 어떨까. 유감스럽게도 그녀 역시 첨가물에 대해서는 너무나 관대하다는 사실을 알 수 있었다. 어떤 문제가 있는지 매끼별로 나누어 알아보도록 하자.

■ 아침식사 _ 밥, 된장국, 생선구이, 명란젓, 어묵, 단무지

F씨 가족이 먹는 아침식사는 전형적인 일본의 식단이었다. 누가 보더라도 건강식이라는 데에 의심의 여지가 없었다. 일본식 된장국에 생선구이, 명란젓, 어묵, 단무지, 그리고 밥.

그러나 첨가물은 이러한 식단이라고 해서 비켜가지 않는다. 경우에 따라 오히려 더 심각할 수 있다.

먼저 된장국을 보자. F씨 가족이 즐겨먹는 된장은 일본의 전통 된장이 아니다. 된장맛 조미료로 치장된 시중의 모조 된장이다. 당연히 여기에는 화학조미료가 들어 있다. F씨가 이 된장을 애용하는 이유는 국을 끓일 때 별도로 양념을 하지 않아도 되기 때문이다. 물만 붓고 가스레인지에 올려놓기만 하면 되니 아침 밥상을 마련하는 데 더없이 편리하다. 하지만 표를 보면 알 수 있듯 여기에는 적지 않은 첨가물이 들어 있다.

명란젓과 어묵은 어떨까. 두 가지 모두 앞에서 알아본 문제의 제품들이다. 그것들이 왜 첨가물 범벅인지는 1장에서 충분히 확인했다. 두 품목만으로도 10여 가지나 되는 첨가물을 먹게 된다. 그러나 이 두 품목은

된장국
원재료 _ 콩, 밀, 식염, 다시마 농축액, 가다랑어 농축액
첨가물 _ 화학조미료, 착색료(치자), 알코올

명란젓
원재료 _ 명태알, 식염, 고추, 청주, 다시마 농축액
첨가물 _ 화학조미료, 솔비트, 단백가수분해물, 아미노산액, pH조정제, 아스코르빈산나트륨, 폴리인산나트륨, 감초, 스테비아, 효소, 아질산나트륨

어묵
원재료 _ 명태, 식염, 난백, 전분, 미림, 소맥단백, 대두단백
첨가물 _ 화학조미료, 인산나트륨, 유화제, 단백가수분해물, 탄산칼슘, 소르빈산칼륨, pH조정제, 글리신, 적색3호, 코치닐색소

단무지
원재료 _ 무, 식염
첨가물 _ 화학조미료, 에리소르빈산나트륨, 폴리인산나트륨, 사카린나트륨, 구아검, 산미료, 소르빈산칼륨, 황색4호, 황색5호

F씨의 장바구니에서 빠지는 일이 없다. 왜냐하면 반찬으로 준비하기가 간편한 데다 식구들이 좋아하기 때문이다. 명란젓은 남편의, 어묵은 아이의 둘도 없는 기호품이다.

단무지 역시 문제가 많다. F씨는 단무지를 근처의 식품점에서 구입한

다. 단무지에도 첨가물이 다량 사용된다는 사실은 앞에서 알아본 대로다. 단무지와 같은 절임식품, 어묵이나 명란젓 따위의 가공식품은 유독 첨가물이 많이 사용되는 품목이다.

결국 F씨는 아침식사를 통해 줄잡아도 30종이 넘는 첨가물을 섭취하고 있음을 알 수 있다. 부엌에서 손수 음식을 만들어 먹는 그녀로서는 믿기지 않을 일인지도 모른다. 그러나 일반 가공식품에 의존하는 한 그것은 틀림없는 진실이다. 편의점 마니아인 N씨와 크게 다르지 않다.

■ 점심식사 _ 김말이 초밥

쇼핑하러 나간 F씨는 백화점 지하 식품코너에서 김말이 초밥을 샀다. 점심을 해결할 요량이었다. 김말이 초밥이란 계란부침, 생선살, 오이, 단무지, 새우, 박고지, 어묵 등을 넣어 굵게 만 김밥으로, 들어간 것이 많은 만큼 보기에도 호화찬란하다. 물론 가격도 비싸고, 초밥 가운데서도 고급으로 꼽힌다.

그러나 첨가물 문제는 고급 초밥이라고 해서 자유롭지 않다. 다른 식품들과 크게 다르지 않게 화학조미료, 산미료, 유화제, pH조정제 등의 표기가 있다. 이 품목들은 일괄표시 첨가물인 만큼 각각 2~3종의 물질이 사용됐을 것이다. 따라서 그 초밥에는 모두 합치면 30가지가 넘는 첨가물이 들어 있다.

'속이 많으면 첨가물도 많다' 는 말이 있다. 김말이 초밥을 설명하기 위해 만들어진 말이 아닌가 싶다. 이것저것 넣으면 넣을수록 그에 비례

해서 첨가물 양도 늘어난다는 뜻이다. 예컨대 계란부침 하나에도 3~5종의 첨가물이 들어 있다. 계란부침은 가공을 많이 하는 식품 축에 든다.

"될 수 있는 대로 반찬이 많은 걸로 하세요. 몸 생각을 하셔야죠."

도시락 집에서 자주 듣는 이야기다. 가격은 좀 비싸더라도 반찬이 고루 들어 있는 큼직한 도시락을 선택하라는 충고다. 물론 식재食材가 다양하면 그만큼 영양도 고르게 섭취할 수 있을 것이다. 그러나 영양만이 아니고 첨가물도 함께 섭취한다는 사실이 뜨악하다.

아무튼 F씨는 점심에 고급 초밥을 하나 먹고 30가지가 넘는 첨가물을 섭취한 결과가 됐다. 이튿날도 F씨의 점심식사는 크게 다르지 않을 것이다. 그게 바로 현대인의 식생활의 참모습이다.

김말이 초밥

원재료 _ 밥, 계란부침, 튀김, 생선말림, 새우, 단무지, 박고지, 오이, 참치, 어묵, 김, 식초, 설탕

첨가물 _ 화학조미료, 소르빈산칼륨, 스테비아, 감초, 산미료, 향료, 유화제, 솔비트, 글리신, pH 조정제, 폴리리신, 펙틴화합물, 어백魚白단백, 산화방지제, 소포제, 응고제, 고추냉이추출물, 증점제, 적색3호, 적색106호, 코치닐색소, 카라멜색소, 홍국색소, 카로틴색소, 치자색소

■ 저녁식사 _ 카레라이스, 샐러드

F씨는 저녁을 남편과 아이가 좋아하는 카레라이스와 샐러드로 하기로 했다. 카레는 돼지고기, 당근, 감자, 양파 등을 넣고 여기에 시중에서

블록 카레

원재료 _ 우지, 돈지, 밀가루, 전분, 식염, 카레분말, 분말야채(양파, 파, 당근, 토마토, 감자), 육즙, 탈지분유

첨가물 _ 화학조미료, 유화제, 산미료, 산화방지제, 카라멜색소, 파프리카색소, 향료

드레싱

원재료 _ 식물성유지, 간장, 식초, 양파, 설탕

첨가물 _ 화학조미료, 산미료, 유화제, 증점제, 스테비아, pH조정제, 향료

팔고 있는 '블록block 카레'를 풀어 맛을 내는 것이 가장 일반적이다. 샐러드는 양상추, 토마토, 브로콜리, 무잎 등의 야채에 드레싱을 한 것이다. 드레싱은 물론 식품점에서 구입했다.

먼저 카레를 보자. F씨가 사용한 카레에는 표를 보면 알 수 있듯 10가지 정도의 첨가물이 들어 있다. 여기서 우리가 참고로 알아둘 것은 식품이란 가공을 많이 하면 할수록 첨가물 사용량이 늘어나게 되어 있다는 사실이다. 이는 카레도 예외가 아니다. 따라서 F씨가 사용한 블록 카레는 다른 제품에 비해 상대적으로 첨가물이 더 많이 들어갔다고 볼 수 있다. 만일 그녀가 다른 카레를 썼다면 최소한 유화제나 산화방지제와 같은 물질은 뺄 수 있었을지도 모른다. 물론 모든 카레가 다 그런 것은 아니지만.

그러면 샐러드에 뿌린 드레싱은 어떨까. 시판 중인 드레싱에는 보통

10가지 정도의 첨가물이 들어 있다. 첨가물 없는 드레싱을 먹는 방법은? 집에서 손수 만들어 먹는 방법밖에 없다. 드레싱 만드는 방법을 잘 모른다면 요리책을 참고하시라. 다양한 방법들이 소개되어 있고, 누구든 쉽게 따라할 수 있다. 생각보다 번거롭지도 않다.

"아니, 드레싱에도 이렇게 많은 첨가물이 들어 있다니!"

혹시 이처럼 분개하는 사람이 있을지도 모르겠다. 하지만 그렇게 화내기 전에 먼저 집에서 직접 만들어볼 계획을 세우는 것이 어떨까.

주부가_총각보다_더_심각해_ _⊙

주부인 F씨는 하루에 어느 정도의 첨가물을 먹고 있는 것일까. 아침, 점심, 저녁 세 끼 합쳐서 적어도 60~70종은 될 것으로 생각된다. 이 수치는 혼자 생활하며 주로 식사를 사먹는 N씨와 거의 같거나 아니면 더 많은 수준이다.

"편의점 도시락을 먹어? 또 컵라면을 먹어? 몸 생각을 좀 해야지!"

"건강을 생각해서 될 수 있는 한 식사는 집에서 합시다."

흔히 이런 식으로 말들을 한다. 그러나 아무리 부엌에서 음식을 만들어 먹는다 해도 가공식품을 이용하는 한 자랑할 일이 못 된다. 첨가물만을 놓고 보면 오십보백보이기 때문이다. N씨와 F씨의 사례가 좋은 실증자료다. '편의점 도시락과 컵라면만 먹지 않으면 된다' 정도의 단순한 이야기가 아니다.

물론 지금까지 살펴본 사례는 특정인에게만 해당되는 이야기가 아니다. 거의 모든 사람들의 식생활이 이렇다. 특별히 주의를 기울이지 않는 한 일상적으로 첨가물을 먹어야 하는 환경을 피할 수 없다. 아무 생각 없이 사서 아무 생각 없이 입에 넣는 것, 앞으로도 우리가 지속해나가야 할 식생활이라니 슬프다 못해 무섭다.

5장

왜곡되어가는 아이들의 미각

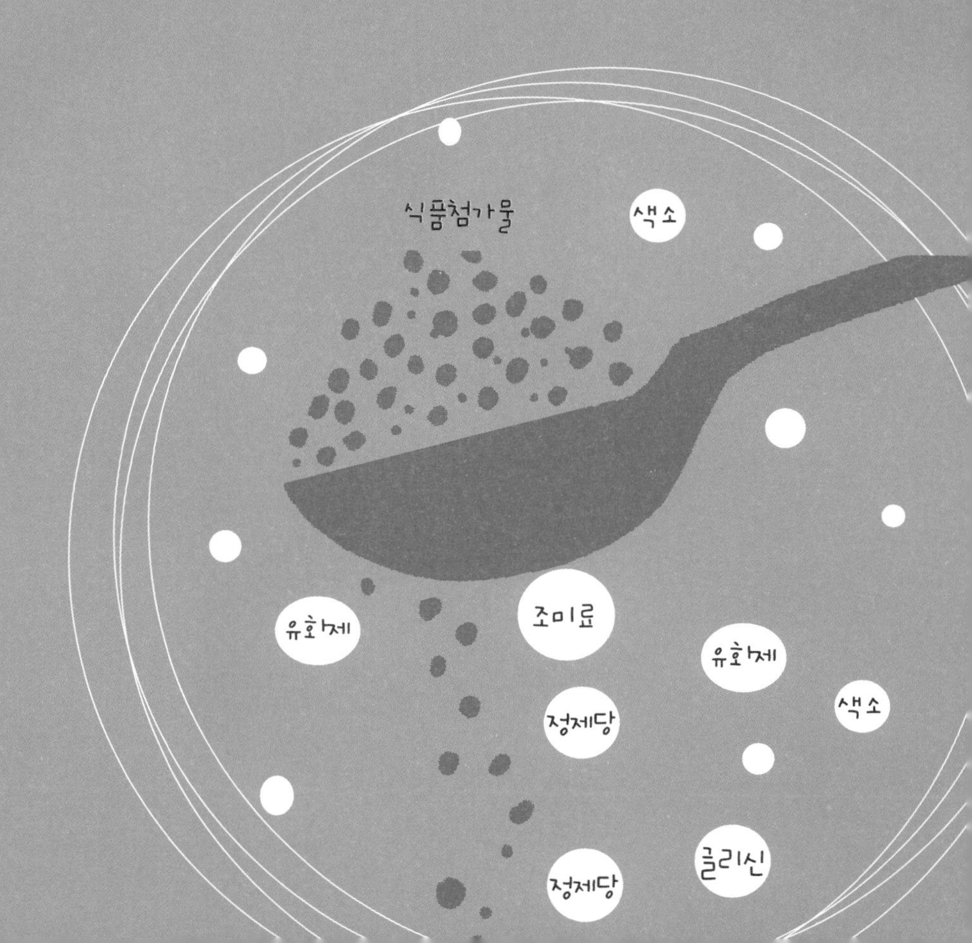

라면_스프의_비밀_ _⊙

인스턴트 라면은 '국민식품' 이라고 불릴 정도로 우리 식생활 깊은 곳에 자리하고 있다. 그러나 우리는 이 국민식품을 얼마나 많이 알고 있는 것일까. 특히 라면의 핵이라 할 수 있는 스프는 여전히 베일에 가려져 있다. 여기서 잠시 인스턴트 라면의 이해를 돕기 위해 라면 스프를 도마 위에 올려보자.

라면이 담백한 맛이냐, 된장 맛이냐, 아니면 돈골豚骨 맛이냐는 스프에 의해 결정된다. 그래서 일반 소비자들은 라면 스프가 고소한 간장이나 미림 또는 돼지뼈 국물 등을 졸여 만든 진국이라고 무의식적으로 생각한다.

그러나 유감스럽게도 라면 스프에는 그런 재료들이 거의 들어가지 않는다. 상식적으로 생각하더라도, 자연식품을 이용하여 만든 스프치고는 값이 너무 싸다는 느낌이 들 것이다. 이 책의 서두에서도 언급했듯 라면 스프는 백색가루, 즉 첨가물들을 조합하여 만든다.

그러면 여기서 잠시 라면 스프 만드는 방법을 살펴보자. 나는 과거에 라면 스프를 직접 개발한 경험이 있다. 돈골 스프를 예로 들어 설명하면 이렇다.

먼저 식염을 2.5~3.5그램 준비한다. 이 식염은 값싼 볶음염이다. 여기에 화학조미료를 넣고 돈골 농축파우더와 치킨 농축파우더 등을 소량 첨가한 '단백가수분해물' 을 넣는다. 단백가수분해물이란 아미노산 성분

라면 스프의 원재료

돈골豚骨 스프	간장 스프
식염	글루타민산나트륨
글루타민산나트륨	5′-리보뉴클레오티드나트륨
5′-리보뉴클레오티드나트륨	단백가수분해물
단백가수분해물	분말간장
돈골 농축파우더	치킨 농축파우더
계골 농축파우더	다시마 농축파우더
야채 농축파우더	양파분말
분말간장	마늘분말
다시마 농축파우더	흰 후추
탈지분유	생강분말
마늘분말	건조파
생강분말	참깨
양파분말	
흰 후추	
감초	
사과산	
파	
참깨	

※ 업체에 따라 다소 다를 수 있음.

▶ 돼지뼈 국물이나 간장 국물은 한 방울도 사용되지 않음.

을 고도로 농축하여 만든 조미료의 일종이다. 맛을 보며 계속해서 후추와 같은 향신료를 조금씩 첨가한다. 여기에 참깨와 건파를 넣고, 산미료와 증점제를 차례로 넣는다. 산미료는 시원한 느낌을 주는 점 이외에도 국물을 더 마시고 싶은 생각이 들게 해주며, 증점제는 걸쭉한 맛을 강화시켜준다.

이런 방법을 통해 만들어진 스프는 보다시피 천연 국물이라고는 한 방울도 들어가지 않는다. 이쯤 되면 식품이라고 하기보다는 차라리 '공업제품' 이라고 부르는 편이 나을지 모르겠다.

식품 대기업인 모 라면회사에 근무하는 한 직원은 이상한 가루들을 마구 집어넣는 스프 제조 공정을 볼라치면 역겨워서 도저히 먹고 싶은 생각이 안 든다고 말한다. 자기가 만든 식품을 먹지 않으려는 풍조는 라면업계에도 있다는 뜻이다.

맛을_구성하는_물질은_한통속_ _⊙

돈골 스프를 간장 스프로 바꾸고 싶으면 돈골 농축파우더를 분말간장으로 바꾸면 된다. 또 된장 맛으로 하고 싶으면 분말된장으로 바꾸면 된다. 마찬가지로 가다랑어 육수도 간단히 만들 수 있다. 돈골 스프에 들어 있는 농축파우더들을 가다랑어 농축액으로 바꿔 물로 희석하면 된다.

한편 각종 스낵류의 맛을 내는 이른바 '씨즈닝seasoning' 의 정체는 무엇일까. 씨즈닝 역시 크게 다르지 않다. 분말 스프의 파우더 원료 대신 마늘 농축액을 넣은 것이다. 이것을 감자에 뿌리면 포테이토칩이 되고,

옥수수에 뿌리면 콘칩이 된다. 이 말은 다시 말해 우리가 즐겨먹는 스낵들은 라면 스프를 뿌려 만든다는 이야기이다.

"인스턴트 라면은 될 수 있는 대로 애한테 안 먹이려고 해요. 몸에 안 좋아서……."

이런 말을 하면서 아무렇지도 않게 아이에게 스낵을 사주는 엄마들이 많다. 또한 국을 끓일 때는 으레 시중의 육수 가루를 사용하는 것으로 알고 있는 가정도 많다. 결국 우리는 인스턴트 라면은 먹지 않아도 스프는 먹는 경우가 많다는 뜻이다. 아무것도 모르는 채 말이다.

■ 인스턴트 라면 스프, 스낵 씨즈닝, 육수 원액은 같은 뿌리

■ 식염, 화학조미료, 단백가수분해물은 맛의 '황금트리오'

표를 보면 알 수 있듯 가공식품의 맛은 같은 물질들로 이루어진다. 식염 · 화학조미료 · 단백가수분해물, 이름하여 가공식품의 '황금트리오'다. 이 세 가지를 맛의 근본 물질이라고 정의할 수 있다. 여기에 풍미 강화 소재인 농축물이나 향료 등만 넣으면 뭐든지 원하는 맛을 만족스럽게 만들어낼 수 있다. 즉, 라면, 스낵, 육수 등을 필두로 모든 식품의 맛의 뼈대는 '황금트리오'로 이루어진다는 뜻이다.

이 세 가지 물질의 위세는 그야말로 대단하다. 예를 들어보자. 2퍼센트짜리 소금물이 있다면 직접 마시기는 곤란할 것이다. 너무 짜기 때문이다. 그러나 여기에 화학조미료와 단백가수분해물을 넣으면 사정이 달

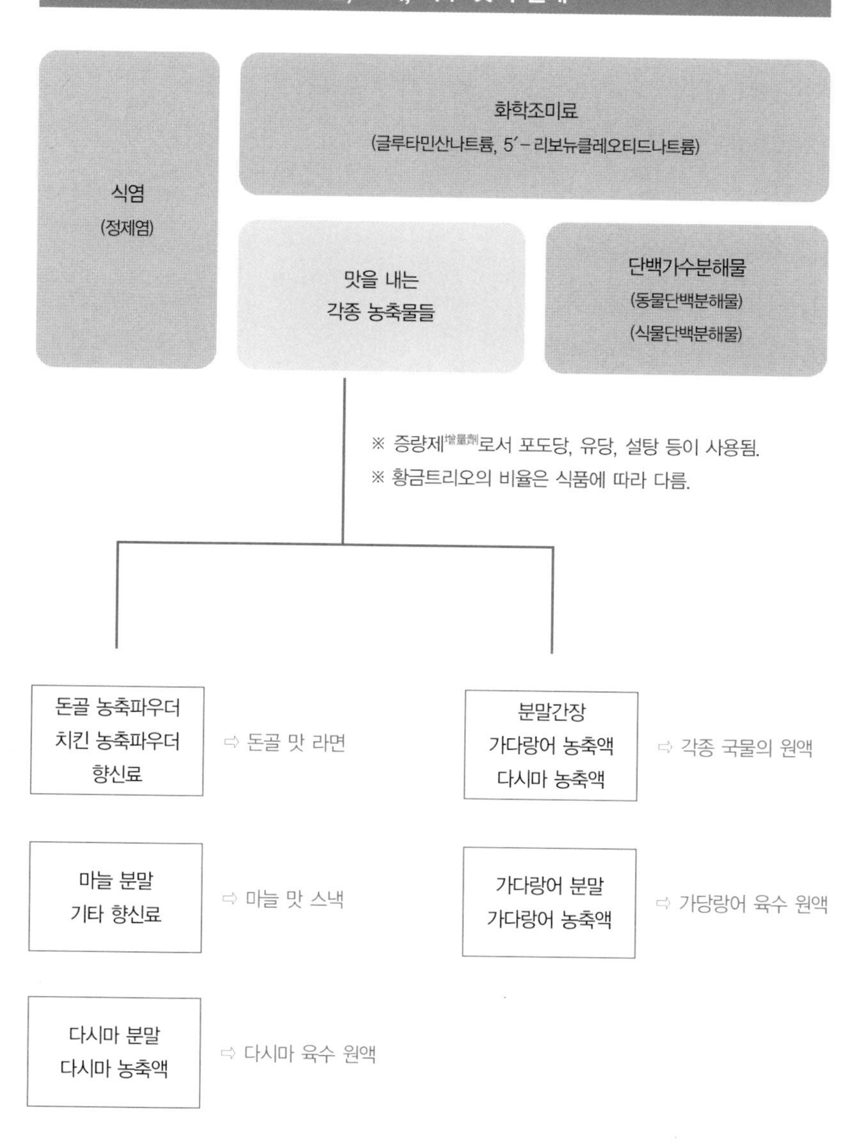
라면, 스낵, 육수 맛의 얼개
식염
(정제염)
화학조미료
(글루타민산나트륨, 5′－리보뉴클레오티드나트륨)
맛을 내는
각종 농축물들
단백가수분해물
(동물단백분해물)
(식물단백분해물)
※ 증량제增量劑로서 포도당, 유당, 설탕 등이 사용됨.
※ 황금트리오의 비율은 식품에 따라 다름.
돈골 농축파우더
치킨 농축파우더
향신료
⇨ 돈골 맛 라면
분말간장
가다랑어 농축액
다시마 농축액
⇨ 각종 국물의 원액
마늘 분말
기타 향신료
⇨ 마늘 맛 스낵
가다랑어 분말
가다랑어 농축액
⇨ 가당랑어 육수 원액
다시마 분말
다시마 농축액
⇨ 다시마 육수 원액

라진다. 맛있게 마실 수 있는 국물로 바뀐다.

'황금트리오' 물질은 건강 측면에서 대단히 중요하다. 식염에 대해서는 우리가 너무 잘 알고 있어 굳이 설명이 필요 없을 것이고, 문제는 나머지 두 물질이다. 지금부터 화학조미료와 단백가수분해물 앞에 드리워진 비밀의 커튼을 걷어 올려보자.

화학조미료_사용이_계속_느는_사연_

화학조미료에 대해 좋은 이미지를 가지고 있는 사람은 없을 것이다. 언론은 물론이고 모든 전문가들이 연일 비난의 화살을 쏘아대고 있기 때문이다.

30년 전쯤이었을까, 화학조미료의 전성기가 있었다. 요리를 할 때면 으레 화학조미료가 들어가는 것으로 알고 있었다. 어느 가정에서든 찌개를 끓일 때나 조림을 할 때, 나물을 무치거나 심지어 피클을 담글 때조차 듬뿍 들어가는 것이 화학조미료였다.

그러던 것이 언제부턴가 "화학조미료를 먹으면 머리가 나빠진다", "나트륨을 과잉 섭취하면 몸에 해롭다" 하는 이야기가 나돌면서 가정에서 사용하는 양이 줄기 시작했다. 더욱이 화학조미료를 많이 먹은 사람이 혀가 마비되었다는 '중화요리증후군' 관련 뉴스가 보도되면서 이 물질의 인기는 급전직하, 결국 각 가정의 부엌에서 자취를 감추기에 이르렀다.

그렇다면 화학조미료 소비량이 과연 줄었을까? 상식과는 달랐다. 구설수에도 아랑곳하지 않고 전체 소비량은 계속 늘고 있었다. 왜 그런 것일까. 가공식품이 그 답이었다. 가정에서의 사용량은 틀림없이 줄었으나 가공식품에는 줄기차게 늘어났던 것이다. 그 경향은 오늘날까지 계속되고 있다.

이처럼 화학조미료 사용이 증가 일로에 있는 데에는 안일한 표기 규정도 한몫 했다. 가공식품에 화학조미료 또는 글루타민산나트륨이라는 물질명은 결코 기록되지 않는다. 기록되는 것은 조미료(아미노산 등)라는 표시다. 이 표시를 보고 화학조미료를 연상하는 소비자가 얼마나 될까. 앞에서도 언급했듯 아미노산이 들어간 것으로 착각하기 십상이다. 그래서 오히려 몸에 좋은 것으로 아는 사람이 더 많다.

이제 화학조미료를 사용하지 않은 가공식품을 만나기란 쉽지 않다. 오늘날 소비자의 입맛은 화학조미료에 완전히 점령되어 있다.

천연_육수에도_화학조미료가_ _⊙

"우리 집에서는 화학조미료를 일절 쓰지 않아요."

이렇게 말하면서도 국을 끓일 때면 시중의 육수 원액을 사용하는 사람을 자주 본다. 한마디로 어이없는 일이다. 그 육수 원액에 이미 화학조미료가 들어가 있기 때문이다.

"천연 육수라고 씌어 있는 걸요."

내가 이야기를 해줄라치면 이렇게 정색을 한다. 그 사람은 전면에 있는 '천연' 이라는 글씨만 봤지 후면에 있는 첨가물 정보는 보지 않았음에 틀림없다. 하긴 보더라도 '조미료(아미노산 등)' 라고 씌어 있을 테니 오해할 수밖에. 이 표기는 천연이란 말이 제품의 일부분에만 해당되며, 나머지는 화학조미료에 의해 완성되었다는 사실을 천명하고 있다.

물론 최근에는 화학조미료를 전혀 사용하지 않은 제품도 등장하고 있다. 이런 제품에는 '화학조미료 무첨가' 라는 표기가 반드시 있다. 가격은 당연히 비싸다.

이제부터라도 된장국 정도는 다시마나 멸치를 우려낸 국물로 끓여보는 것이 어떨까. 생각보다 그다지 번거롭지도 않거니와 막상 해보면 새로운 재미를 발견할 것이다. 이렇게 끓인 국은 맛이 훨씬 개운하다. 그리고 자녀 교육 측면에서도 이런 조리 습관은 중요하다. 뒤에서 다시 설명하겠지만 육수를 어떻게 만드는지, 작업이 얼마나 번거로운지를 자녀에게 보여주는 것은 대단히 의미 있는 일이다.

단백가수분해물의_정체__⊙

'황금트리오' 의 마지막 물질인 단백가수분해물을 보자. 이 용어에 대해서 친숙하게 생각하는 소비자는 많지 않을 것이다.

단백가수분해물蛋白加水分解物이란 쉽게 말해 고기나 콩 등의 단백질을 분해하여 얻은 아미노산을 일컫는다. 맛의 원천이 아미노산인 만큼 이 물질은 기가 막힌 맛을 낸다.

그러나 무슨 일이든 정正이 있으면 반反이 따르는 법. 이 물질이 만드는 기상천외한 맛 뒤에는 치명적인 문제가 도사리고 있다. 이 물질은 첨가물에 속하지는 않지만, 첨가물처럼 관리해야 한다는 것이 나의 생각이다. 왜냐하면 물질 자체를 보든 활용 측면에서 보든 첨가물적인 속성이 많기 때문이다. 이 물질이 일반인에게 그다지 알려져 있지 않은 이유도 이러한 분류상의 모호함과 관계가 있다. 이 물질에 대한 정보를 얻기 위해서는 책을 찾아보아야 하는데, 그것이 쉽지 않다. 당연히 다루어야 할 식품첨가물 서적에도 거의 나와 있지 않고, 설사 나온다 해도 수박 겉핥기식이다.

여기서 잠시 단백가수분해물 제조 과정을 살펴보자. 이 물질은 두 가지 방법으로 만들 수 있다. 하나는 효소를 이용하여 단백질을 분해하는 방법이고, 다른 하나는 강산強酸인 염산을 이용하여 분해하는 방법이다. 이른바 염산처리법이라고 알려져 있는 후자 쪽이 작업이 간단하고 시간도 적게 걸린다.

원료 단백질로는 식물성과 동물성이 있다. 식물성 단백질원으로 가장 많이 사용되는 것은 대두와 소맥. 대두라고 해도 단백질만 있으면 되기 때문에 탈지대두, 즉 기름을 짜내고 난 찌꺼기가 훌륭한 원료다. 동물성 원료로는 젤라틴이나 어분魚粉을 쓴다.

여기에 염산을 부어 반응시키면 단백질이 분해되기 시작한다. 이를 학술적으로는 가수분해加水分解라고 한다. 가수분해가 끝나면 중화시키고, 얻어진 물질을 회수한다. 이것이 바로 아미노산액으로서 맛을 내는 근본 물질이다. 아미노산액을 필요에 따라 적절히 농축한 것이 단백가수분해물이다.

그러나 조미 소재라고 해서 훌륭한 풍미를 기대했다면 오산이다. 이 물질에서는 악취라고 해도 좋을 정도로 고약한 냄새가 진동한다. 나는 강연회장에서 가끔 단백가수분해물을 돌려주며 냄새를 맡게 하는데 거의 모든 사람들이 코를 막고 경악한다. 그런데 재미있는 것은 여기에 돈골 농축파우더나 가다랑어 농축액 등을 넣으면 상황이 백팔십도 달라진다는 사실이다. 언제 그런 악취가 있었느냐 싶게 기막힌 조미료로 환생한다.

단백가수분해물이 조미료로 사용되기 시작한 것은 30년 전쯤부터다. 인스턴트식품, 어묵 등의 가공식품이 급성장을 개시했던 시기와 맞물려 있다. 이 물질은 더 복잡한 맛을 찾던 가공식품 업자들의 '회심의 발명품' 이다. 그때까지만 해도 조미료 세계는 화학조미료가 장악하고 있었다. 그러나 화학조미료에 조금씩 싫증을 느끼는 사람들이 생겨나기 시작했다. 맛이 너무 단순하다는 것이었다. 그래서 개발된 것이 단백가수분해물이다. 이 물질은 화학조미료에 대한 불만을 일거에 잠재우고 가공식품의 맛을 한 단계 레벨업시킨 주역으로 자리매김되었다.

맛의_마술사_단백가수분해물__⊙

단백가수분해물의 강점은 손쉽게 자연의 깊은 맛을 구사한다는 데 있다. 맛을 만드는 사람들에게 이 물질의 발명은 행운이었다. 이 물질의 소문이 전해지면서 사용량은 급속히 늘어나기 시작했다. 아울러 시대적인 배경도 이 물질의 확산을 도왔다. 제면製麵산업의 비약적인 발전이 그것이다. 주인공은 라면을 비롯한 각종 면제품들. 붕어빵이 반드시 '앙꼬'를 필요로 하듯, 이들 면제품은 반드시 '스프'를 필요로 했다. 스프 시장의 팽창으로 단백가수분해물업체가 크게 발전했다면, 역으로 단백가수분해물의 가공할 위력으로 스프의 맛은 일취월장했다. 기세등등해진 제면업자들은 더욱 복잡하고 차별화된 맛을 개발하도록 압력을 가해왔다.

"좀 더 치킨 맛을 세게 해봐."

"이건 된장 맛이 거의 안 느껴져. 더 강하게 해봐."

"풍미를 진하게 하고, 뒷맛을 좀 더 강조하는 방법이 없을까."

이 모든 요구를 신기하게 해결하는 마법의 물질, 그것이 바로 단백가수분해물이었다. 이제 '황금트리오' 물질만 바탕에 깔려 있다면 무슨 맛이든 원하는 풍미 재료를 첨가함으로써 다양하게 구현할 수 있다. 이를테면 같은 쇠고기 맛이라도 담백한 맛, 구수한 맛, 곰탕 스타일의 맛 등 여러 종류가 있다. 만일 곰탕 맛을 원한다면 '황금트리오' 물질을 기초로 해서 곰탕 농축물 또는 곰탕 맛 향료와 같은 맛 성분만 넣어주면 된다.

단백가수분해물 없이 오늘날의 가공식품산업은 존재할 수 없다. 가공식품 맛의 뼈대는 바로 단백가수분해물이다.

단백가수분해물은_안전한가__⊙

맛의 세계에서 단백가수분해물은 이처럼 대단한 물질이다. 그렇다면 이 물질의 정체는 무엇인가. 안심하고 쓸 수 있는 물질일까? 결론부터 말하자면 '아니오' 다. 나는 앞에서 이미 이 물질이 큰 문제를 안고 있다고 지적했다. 내가 문제를 제기하는 것은 두 가지 측면에서다.

첫 번째는 안전성 문제다. 단백가수분해물을 만드는 방법은 두 가지라고 했다. 효소를 사용하는 방법과 염산을 사용하는 방법이다. 문제는 후자인 염산을 사용하는 방법이다.

단백가수분해물을 최초 개발한 사람은 간장과 된장에서 아이디어를 얻었다. 이들 전통 장류의 맛은 아미노산이 만든다고 했다. 아미노산은 누룩이 대두 단백질을 분해해서 만든다. 그렇다면 단백질을 산酸으로 분해해도 맛의 원천인 아미노산을 얻을 수 있는 것이 아닐까? 유감스럽게도 그 가설은 적중했다. 이렇게 태어난 것이 단백가수분해물이다.

그러나 여기서 간과하면 안 될 점이 간장이나 된장은 '누룩의 작품' 인 데 반해 단백가수분해물은 '염산의 작품' 이라는 사실이다. 염산이 무엇인가. 강산强酸의 하나로서 극약에 버금가는 물질이다. 자체로도 매우 위험하지만 다른 물질과 결합하여 염소화합물을 만들어낸다는 것이 더 큰 문제다. 염소화합물은 발암물질 목록에도 올라가 있다. 결국 단백가수분해물은 암의 원인이 될 수 있다는 이야기다.

요즘 업계에서는 단백가수분해물에 염소화합물이 어느 정도 들어 있는지 조사하고 있다. 늦긴 했지만 업계가 이 물질의 안전성에 관심을 갖기 시작했다는 점이 그나마 다행이다.

아이들의_입맛이_왜곡되는_사연_ _⊙

단백가수분해물이 문제가 되는 또 하나의 이유는 미각을 파괴시키기 때문이다. 왜 우리는 단백가수분해물의 맛에 사로잡혀 있는 것일까. 그것은 간장이나 된장과 같은 아미노산이 만들어내는 맛에 오래 전부터 길들여져 왔기 때문이다. 이 물질이 만드는 깊고 진한 맛을 전통 간장이나 된장의 맛으로 착각하는 일이 벌어지고 있다. 이 문제는 젊은층으로 갈수록 더 심각해서 아이들의 경우 천연의 '진짜 맛'을 모르고 자란다고 말할 수 있을 정도다.

내가 첨가물 회사에 근무할 때 이야기다. 치킨 스프를 개발하는 일이 계획보다 늦어져 휴일에도 회사에 출근하여 작업을 하고 있었다. 부하직원이 일을 돕기 위해 나왔는데, 마침 일요일이어서 네 살짜리 아이를 데리고 왔다.

'황금트리오' 인 식염, 화학조미료, 단백가수분해물을 기초 물질로 하고, 여기에 치킨 농축액을 비롯한 여러 종류의 맛 소재를 첨가하며 관능검사를 하고 있었다.

무엇을 더 넣고 뺄 것인가 고민하며 같은 실험을 되풀이하던 중 실수로 그만 스프 가루가 들어 있는 용기를 쓰러뜨리고 말았다. 테이블 위로 스프가 조금 엎질러졌는데, 그때 재미있는 듯 보고 있던 네 살짜리 아이가 종종걸음으로 다가왔다. 내가 열심히 맛보는 모습에 호기심이 일었을까. 나를 힐끔 보더니 자신도 엎질러진 가루를 손가락으로 찍어 냉큼 맛을 보았다.

"아저씨, 이거 맛있어요. 더 좀 엎질러주세요."

아이는 늘 먹는 스낵 맛과 똑같다며 더 먹고 싶어했다.

과연_천연의_맛일까__⊙

맛의 기초 물질인 식염, 화학조미료, 단백가수분해물은 가공식품 장르에서 실로 폭넓게 사용되고 있다. 라면을 비롯한 인스턴트식품, 레토르트식품, 냉동식품, 햄 · 소시지, 냉동버거, 미트볼, 카레, 절임식품, 통조림, 명란젓, 어묵, 다대기 · 소스 등의 각종 조미식품……. 물론 아이들이 좋아하는 스낵은 말할 것도 없고, 전병이나 막과자에 이르기까지 거의 빠짐없이 사용된다.

이들 세 가지 물질, 즉 '황금트리오' 가운데 식염에 대한 문제는 논외로 치자. 또한 화학조미료에 대한 유해성 역시 이미 널리 홍보되어 있으니 더 이상 언급하지 말자. 문제는 단백가수분해물이다. 이 물질은 식품회사의 매출에 직접적으로 영향을 미칠 정도로 막강한 위세를 자랑한다. 이렇다 보니 '무첨가'를 표방하는 양심적인 회사조차도 단백가수분해물만은 아직까지 추방하지 못하는 안타까운 일이 벌어지고 있다.

이처럼 단백가수분해물이 가공식품의 맛을 주도하게 된 데에는 이 물질에 대한 잘못된 인식도 한몫 하고 있다. 업계에서는 이 물질을 천연조미료라고 생각하는 사람이 적지 않다. 실제로 단백가수분해물을 쓰고는 천연조미료로 맛을 냈다고 선전하는 회사도 있다. 앞에서 언급했던 육수 원액과 같은 제품이 그 예다. 그 제품에는 〈천연 육수 사용〉이라고 크게 씌어 있다. 여기서 주장하는 '천연'의 정체가 바로 단백가수분해물이다.

그런데 과연 단백가수분해물에 이렇게 '천연'이란 수식어를 붙여줘도 되는 것일까. 가정에서 아무리 좋은 기술로 다시마와 가다랑어를 우려낸다 한들 단백가수분해물과 같은 강력한 조미 물질을 얻을 수 있을까. 그것은 누가 보더라도 불가능한 일이다.

단백가수분해물이 만드는 맛은 결코 천연의 맛이 아니다. 그것이 나의 변함없는 지론이다.

화학조미료는 '인공적인 맛'의 대명사다. 많은 사람들이 화학조미료로 인한 입맛의 왜곡을 우려한다. 그러나 그것은 화학조미료만의 문제가 아니다. 우리가 지금 살펴보고 있는 단백가수분해물도 화학조미료 못지않게 그 폐해가 심각하다. 일단 이 맛을 알고 나면 다른 맛과는 친해질 수 없다. 일종의 미각 마비 현상이 오는데, 이 문제는 오직 인공의 맛만을 고집하는 천연 일탈 현상으로 발전하게 된다.

이런 현상은 어린아이들에게 특히 심각하다. 단백가수분해물의 맛을 경험한 이상 엄마가 자연식품을 이용하여 만든 요리는 맛이 없다고 생각한다. 아이들이 인스턴트 라면이나 스낵과 같은 정크푸드를 유독 좋아하는 것도 이유가 있다는 뜻이다.

"먹고 나면 뭔가 이상해. 꺼림칙한 맛이 남는 것 같아. 영 개운하지 않고 혀까지 이상해져서 도저히 못 먹겠어."

가끔 노인들로부터 이런 말을 듣는다. 가공식품이 입에 맞지 않는다는 이야기다. 그들은 어릴 때부터 자연식품을 먹어왔다. 그 시대에는 화학조미료나 단백가수분해물이 없었다. 따라서 온전한 미각을 유지하고 있을 터이고, 인공의 맛에 즉각 거부감을 느낄 수밖에 없다.

"인스턴트 라면은 안 된다고 했지?"

"스낵은 먹으면 안 돼요."

요즘 엄마들은 어린 자녀에게 흔히 이런 말을 한다. 하지만 말은 이렇게 하면서도 집에서 국이나 찌개를 끓일 때는 시중의 양념이나 육수를 사다 넣는다. 본인도 모르게 '황금트리오'의 맛을 가르치고 있는 셈이다. 야채는 물론이고 각종 육류 요리에 습관적으로 뿌리는 다양한 소스도 마찬가지다.

이처럼 일상의 식단에서 인공의 맛을 배운 아이는 여간해서 고치기가 어렵다. 말로는 어떤 식품을 먹지 말라고 하면서 실제로는 그 식품의 맛을 가르치는 부모의 모순된 행동이 빚은 결과다. 자녀를 꾸중하기 전에 먼저 부모부터 식품 상식을 갖춰야 하지 않을까.

또 반드시 짚고 넘어가야 할 것이 식문화 측면의 문제다. 화학조미료나 단백가수분해물로 맛을 내는 안일한 식생활에 젖으면 음식의 소중함을 간과하기 십상이다. 엄마의 정성이 들어간 요리와 화학적인 맛으로 치장된 음식의 차이는 자녀들도 감각적으로 안다. 무의식중에 익힌 잘못된 식문화는 첨가물의 독성이나 입맛의 왜곡 문제 이상으로 심각한 폐해를 낳을 수 있다. 뒤에서 좀 더 구체적으로 언급하겠지만 대표적인 폐해가 '식탁의 붕괴'다.

마법사의_음료__⊙

여기서 잠시 화제를 바꿔보자. 요즘 나는 유치원이나 어린이집 등에서도 자주 강연 요청을 받는다.

지금까지 나의 강연은 주로 식품첨가물에 대한 이야기이기 때문에 관심을 갖는 사람도 당연히 어른들일 수밖에 없었다. 그러나 최근 들어 아이들을 상대로 이야기할 기회가 많아지면서 자연스럽게 아이들의 흥미에 맞는 화제를 생각하게 됐다. 물론 궁극적으로는 첨가물에 대한 내용이니 화제 자체가 바뀐 것은 아니다.

한 유치원에서 강연을 하며 나는 다음과 같은 실연을 해보였다.

"어린이 여러분, 지금부터 아저씨랑 레몬주스를 만들어볼까요? 자, 무과즙 주스입니다."

이렇게 말하며 나는 물이 들어 있는 비커를 집어 들었다.

"먼저 이 색소를 물에 녹일게요. 레몬색이 나올 겁니다. 예쁘죠?"

레몬의 연노랑은 타르색소인 황색4호로 쉽게 만들 수 있다. 나는 황색4호 색소를 물에 녹였다.

"다음엔 상큼한 맛을 낼까요? 이대로는 그냥 노랗기만 하지 주스 같지 않으니까요."

나는 산미료로 구연산을 넣었다.

"그리고 레몬주스니까 비타민 C도 넣어야지요? 이 비타민 C가 레몬 열 개에 들어 있는 양이거든요. 몸에 좋지요, 그치요?"

이어서 아스코르빈산 0.2그램 정도를 넣었다.

"달게 만들어야겠지요? 모든 어린이들은 단 걸 좋아하니까."

이렇게 말하며 나는 액상과당을 비커에 따라 약 10퍼센트 용액이 되도록 붓고 저어주었다.

"참, 레몬 맛이 나야겠지요. 자, 레몬향을 넣겠습니다."

향료를 넣고 마지막으로 셀룰로오스까지 넣었다. 셀룰로오스를 넣는 목적은 음료에 걸쭉한 감을 줌으로써 진짜 과일주스처럼 느껴지게 하기 위함이다.

"이 가루는 셀룰로오스라는 건데요, 톱밥으로 만듭니다."

이렇게 말하자 아이들이 일제히 "윽!" 하며 놀란다.

"다음에는 멜론주스를 만들어봅시다."

멜론은 색깔이 녹색이므로 두 가지 색소를 혼합해야 한다. 수채화 그릴 때 그림물감을 섞는 것과 같다. 먼저 물에 청색1호를 넣자 순식간에 파랗게 변했다. 여기에 황색4호를 곧바로 섞었다. 파란 물이 이번엔 녹색으로 변했다. 아이들이 신기한지 모두 일어서서 "와아!" 하며 재미있어한다.

"이 색소들은 뭘로 만들까요? 석유로 만듭니다."

"네에? 진짜요?"

"자, 그럼 이번엔 오렌지주스를 만들어볼까요? 이 색소는 벌레를 갈아서 만든 겁니다."

"벌레? 으악!"

코치닐색소를 넣자 아이들은 더욱 크게 놀란다. 물이 순식간에 투명한 오렌지색으로 변했다. 나머지 첨가물들을 모두 넣고 완성된 주스들을 종이컵에 따랐다.

"자, 어린이 여러분. 이제 다 만들었으니 마셔볼까요?"

모두들 얼굴만 마주볼 뿐 나서지 않는다.

"마시기 싫어요? 왜요? 지금 아저씨랑 같이 만든 주스는 어린이 여러분이 늘 마시는 주스와 똑같은 거예요."

이렇게 말하며 한 유명 음료회사가 만든 주스와 아미노산 음료 몇 가지를 보여주자 "우우!" 하고 소리를 지른다.

"여기 있는 음료들 마셔본 어린이 있나요?"

음료회사 제품을 가리키며 내가 묻자 거의 전원이 "네" 하며 손을 든다. 뒤에 앉아 있던 학부모들이 겸연쩍은 듯 눈길을 피했다.

아이들의_인기_당류_액상과당液狀果糖__

"자, 뒤에 계신 어머님들께서도 잘 봐주시겠습니까?"

이번에는 학부모들을 향해 말했다.

"이 음료에 단맛을 내겠습니다. 전에는 이런 주스에 보통 설탕을 넣었습니다만, 요즘엔 잘 안 넣지요. 설탕의 단맛이 좀 무거운 편이라 아이들이 좋아하지 않기 때문입니다. 그래서 대신 넣는 것이 바로 이건데요, 액상과당이라고 합니다. 단맛이 산뜻해서 아이들이 무척 좋아하지요. 그런데 여기 좀 봐주시겠습니까? 이 정도씩이나 넣는다고요."

이렇게 말하며 조금 전에 만들었던 녹색 물에 그 양의 약 10분의 1이 넘는 액상과당을 부었다. 모두들 "어머, 그걸 다 넣어요?" 하며 한마디씩

한다. 잘 저은 후 한 어머니에게 맛을 보아달라고 했다.

"너무 달아서 못 마시겠어요."

이번에는 산미료 세 가지와 레몬향을 넣고 다시 마셔보라고 했다.

"음, 지금은 괜찮네요. 맛있어요."

당류만 들어 있을 때는 단맛이 너무 강해 도저히 마시지 못할 정도였지만, 산미료와 향료의 도움을 받으니 맛있게 마실 수 있게 된 것이다.

액상과당은 일반적으로 싼 전분을 이용하여 만든다. 이 당류는 약 30년 전부터 수요가 급작스럽게 늘었다. 앞에서 말한 것처럼 아이들이 좋아하기 때문에 주스나 커피 음료를 비롯한 각종 요리용 소스의 단맛을 내는 데 안성맞춤이다.

또 액상과당은 말 그대로 액체인 것도 큰 이점이다. 설탕의 경우는 반드시 녹여서 써야 하나 액상과당은 그럴 필요가 없다. 그대로 물과 섞어 쓰면 되니 작업이 편하고 품도 훨씬 덜 든다.

이 당류는 음료회사들 사이에서 인기가 높다. 주성분이 과당과 포도당이어서 주스 같은 음료에 잘 어울린다.

건강에는_치명적__⊙

그러나 액상과당은 건강 측면에서 한 가지 큰 문제가 있다. 소화 흡수되면 혈당치를 빠르게 올린다는 점이다. 설탕도 물론 혈당치를 빠르게 올리지만, 그래도 좀 나은 편이다. 설탕은 포도당과 과당 두 분자로 되어 있어서 흡수되는 데 다소 시간이 걸리기 때문이다. 하지만 액상과당은 이미 포도당과 과당으로 분리되어 있는 상태이므로 순식간에 흡수되고 혈당치를 급격히 올린다.

이는 마치 링거 주사를 연상케 한다. 링거액은 포도당으로 구성되어 있다. 포도당은 인체의 가장 기본적인 에너지원이다. 따라서 기력이 떨어졌을 때 링거 주사를 맞으면 빠르게 회복된다. 그러나 우리가 여기서 간과하면 안 될 것은 링거액이 극히 묽은 용액이라는 사실이다. 포도당 농도가 0.5퍼센트도 안 된다. 이에 반해 앞에서 만든 주스는 당 농도가 엄청나게 높은 용액이다. 따라서 주스를 마신다는 것은 당분을 한꺼번에 대량으로 몸 안에 넣는다는 뜻이다.

예를 들어보자. 평소에 아무 생각 없이 마시는 페트병 음료들. 이 음료의 약 12퍼센트는 액상과당이다. 만일 우리가 500밀리리터짜리 음료를 한 병 마셨다면 당 시럽을 60밀리리터 마셨다는 뜻이다. 이를 고형분 기준으로 환산할 경우 포도당이 25그램 이상, 과당이 20그램 이상이 된다. 나는 좀 더 실감나게 설명하기 위해 그 양만큼씩을 퍼서 접시에 올려놓았다.

"어머, 주스 한 병에 이렇게 많은 당분이 들어 있다니!"

모두들 놀라는 기색이 역력했다.

음료로 인한 혈당관리체계 교란 문제는 실로 심각하지 않을 수 없다. 특히 속이 빈 상태에서 음료를 마시면 충격이 더 크다. 혈당치의 잦은 상승이 당뇨병의 직접적인 원인이라는 것은 주지의 사실이다. '백색가루의 공포'란 이를 두고 하는 말이다.

최근 들어 초등학생이나 중학생 가운데에서도 당뇨병 환자가 늘고 있다. 포도당과 같은 단순당單純糖 섭취가 늘면서 체내 당 대사 호르몬인 인슐린이 충분히 제 역할을 하지 못하기 때문이다.

예로부터 우리는 쌀에서 에너지원인 포도당을 섭취해왔다. 쌀 전분은 체내에서 천천히 분해되어 포도당으로 변한다. 이런 식생활에서는 혈당치가 급상승하는 일이 없다. 그러나 현대인은 이미 단순당으로 분해된 것, 즉 포도당을 그대로 먹는 일이 많다. 그것도 적지 않은 양을 자주 먹는다. 인류의 유구한 역사를 돌이켜볼 때 이런 식으로 식생활을 한 적은 없다. 최근 30년 이내에 급격히 발달한 '이상한 식생활'이다.

액상과당은 혈당관리체계를 교란시킨다는 점 외에 고칼로리 식품이라는 치명적인 굴레도 쓰고 있다. 500밀리리터짜리 페트병 한 병의 주스에는 설탕 50그램에 해당하는 열량이 들어 있다. 수치로는 약 200킬로칼로리로서 포테이토칩 반 봉지의 열량과 맞먹는다. 심심풀이로 즐길지 모르지만, 과자나 음료만으로도 하루에 필요한 열량의 대부분을 섭취하는 경우가 비일비재하다. 그런 현실이 위협받는 현대인 섭생의 한 단면이다.

인공감미료를 대표하는 사카린과 아스파탐. 전자는 발암물질로 의심받고 있으며, 후자는 페닐케톤뇨증과 같은 난치병 유발 물질로 알려져 있다. 이런 고감미 첨가물이 독성 측면의 속효성 유해물질이라면, 액상과당은 당 대사 측면의 지효성 유해물질이다. 천천히 아무도 모르게, 하지만 분명히 아이들의 몸을 해치기 때문이다.

무심코 자녀에게 사주는 스낵 한 봉지, 주스나 아미노산 음료 또는 캔 커피, 아이스크림이나 캔디, 젤리……. 아이들의 입맛을 사로잡고 있다는 데에 둘째가라면 서러워할 제품들이지만 한결같이 액상과당이 듬뿍 들어 있다.

'충치 생기니까 많이 먹지 마라.'

이런 차원의 이야기가 아니다.

솔깃해진_엄마와_아이들_ _⊙

이 장에서는 단백가수분해물과 액상과당에 대한 이야기를 했다. 두 물질은 모두 가공식품 생산 현장에서 '약방의 감초' 와 같은 원료이지만 의외로 소비자 관심의 사각지대에 놓여 있다. 이 물질들은 첨가물이 아니다. 일반 식품으로 분류된다. 그러나 유해성 측면으로 볼 때 첨가물에 결코 뒤지지 않는다. 어린아이들은 특히 더 이 물질들에 취약하다.

요컨대 단백가수분해물과 액상과당은 미각의 왜곡이나 당분 과잉 섭취의 원인이라는 차원에서만 문제되는 것이 아니다. 이런 물질을 마구 남용함에 따라 식품에서 '정성' 이란 의미가 휘발되기 시작했다. 식품이란 누구든 값싸게 만들어 공급할 수 있는 것으로 전락했다. 식품은 싸구려이며 어디서든 쉽게 구할 수 있다는 이른바 '정크junk화 인식'이 보편화되었다. 이런 환경에서 성장하는 아이들, 그들이 열어갈 미래의 식생활상은 암울하지 않을 수 없다.

'우리가 먹는 것이 바로 우리다You are what you eat'라는 말이 있다. 인체가 고귀하듯 음식도 고귀한 것이다. 비록 식사는 짧은 시간 내에 이루어지지만, 한 끼 먹을 음식을 마련하는 데는 많은 사람들의 땀이 어려 있다. 이런 사실을 자녀에게 깨닫게 하는 것도 첨가물의 유해성을 알리는 일만큼이나 중요하다. 정성이 담긴 음식은 자녀들의 몸뿐만이 아니고 마음까지도 건강하게 한다.

"어린이 여러분, 그럼 아저씨랑 약속할까요? 매일 밥하고 된장국을 열심히 먹기로요. 그리고 엄마가 부엌에서 음식을 만드실 때는 잘 도와드려야겠지요. 약속할 수 있는 어린이 손 들어보세요."

모든 아이들이 손을 번쩍 들었다. 이번에는 뒤에 있는 학부모들을 향해 말했다.

"과자나 인스턴트식품을 살 때는 꼭 원료 표기를 확인하셔야 합니다. 오늘 제가 말씀드린 것 중에서 단백가수분해물과 액상과당만은 꼭 기억해주세요."

내 이야기가 막바지에 이르자 아이들은 물론이고 부모들이 더욱 귀를 쫑긋하고 있었다.

6장

식생활의 미래를 위해

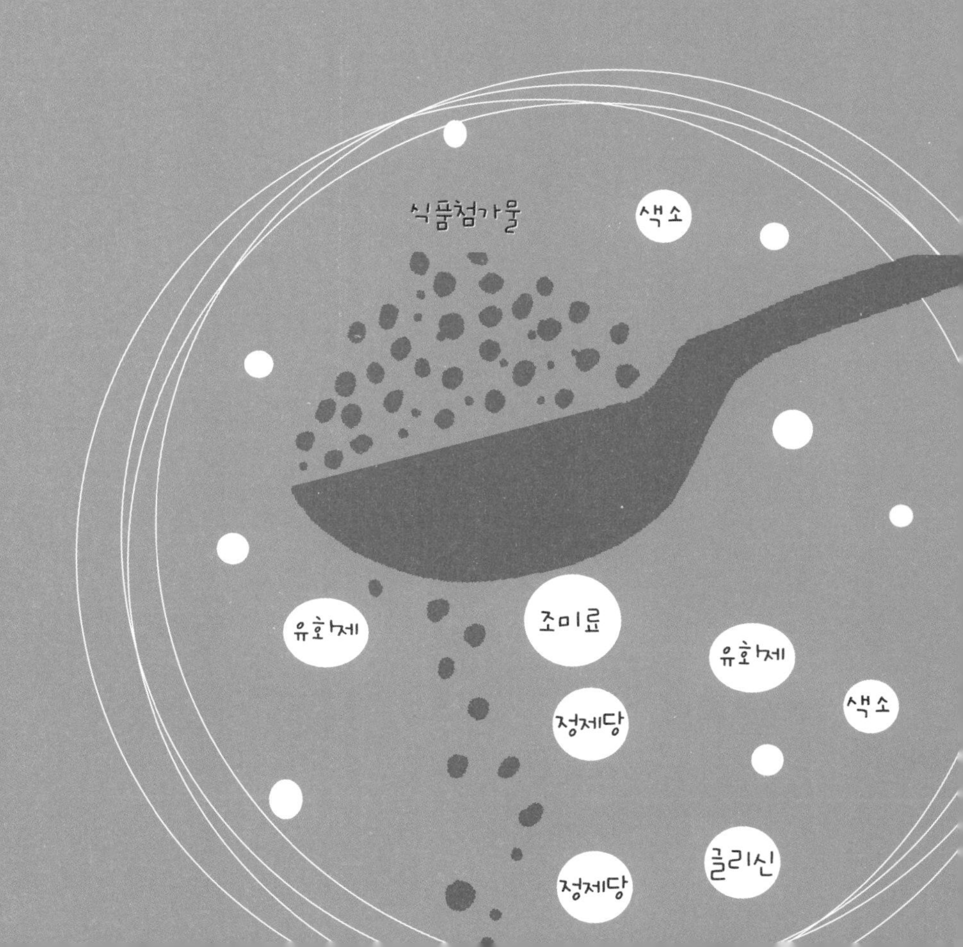

다시_생각해봐야_할_첨가물_문제_ _⊙

첨가물 세계에는 여간해서 일반인에게 알려지지 않은 '이면'이 있다. 지금까지 소비자의 입장에서 이것만은 꼭 알아야 한다고 생각하는 점들을 거론했다. 이번 장에서는 이런 사실을 직시하고, 그러면 앞으로 어떻게 해야 할 것인지에 대해 이야기해보기로 하자.

첨가물 문제라고 하면 우리는 으레 '독성'을 떠올린다. 첨가물이란 무서운 물질 또는 독극물 같은 물질이라는 등식이 성립되어 있다. 그만큼 화학물질의 독성 문제가 우리의 뇌리에 깊이 박혀 있다는 뜻이다. 첨가물을 새로 지정할 때 독성 여부에 주안점을 두고 검토가 이루어지는 것도 그런 이유에서다.

그렇다면 우리는 독성 검토만으로 첨가물 문제를 이해할 수 있을까. 앞에서도 언급했듯 첨가물의 독성 검사는 동물 실험을 통해 이루어진다. 인체에 직접 독성 실험을 할 수 없으니 대안으로 선택한 방법이다. 여기서 문제는 실험에 사용된 동물의 소화 능력이 사람과 다르다는 점이다. 동물 실험을 통해 얻은 결과만으로 첨가물의 유해성을 판단하는 데에는 한계가 있을 수밖에 없다.

또 첨가물을 먹을 때 우리는 한 가지 물질만 먹는 것이 아니라고 했다. 보통 여러 가지를 동시에 섭취하게 되며, 많을 때는 수십 가지를 한꺼번에 섭취하곤 한다. 이런 경우 인체에 미치는 영향은 확인된 것일까. 유감스럽게도 그 점에 대해서는 아직 연구되어 있지 않다. 즉, 첨가물의 복합 섭취에 대한 안전성은 아무도 장담할 수 없다는 이야기다.

아울러 첨가물은 종류에 따라 위험성이 천차만별이라는 점도 짚고 넘어가야 한다. 오래 전부터 사용되어왔고 안전성이 높은 것으로 검증된 물질이 있는가 하면, 새롭게 위험성이 확인되어 국가에서 엄격하게 통제하는 물질도 있다. 이를테면 소르빈산칼륨, 파라옥시안식향산부틸, 합성착색료, 디부틸히드록시톨루엔BHT 등과 같은 첨가물을 보자. 이 물질들의 공통점은 화학적으로 합성한다는 데에 있다. 자연계에는 존재하지 않는 물질들이다. 이와 같은 첨가물은 사용할 수 있는 식품이 정해져 있고, 사용량에도 보통 상한선이 있다.

특정 첨가물을 국가에서 별도로 관리한다는 것은 무엇을 의미할까. 허가된 첨가물은 안전하다는 주장을 스스로 부정하는 셈이 아닌가. 어떤 물질은 매우 위험하니 조심해야 한다는 뜻이 아닌가. 아무튼 국가에 사용 허가를 받았다고 해서 무조건 안전하다고 믿어서는 안 된다는 점만은 분명하다.

그렇다면 식품첨가물이란 무조건 버려야 할 '악惡' 일까. 이번에는 다소 다른 각도에서 첨가물을 조명해보자.

현대인은 식단의 많은 부분을 가공식품에 의존한다. 그리고 앞으로 가공식품에 대한 의존도는 더욱 높아질 것이다. 이런 환경에서 첨가물에 전혀 오염되지 않은 식생활이 과연 가능할까. 만일 그래도 '무첨가물 원칙' 을 고집한다면 무인도 같은 곳에 가서 혼자 자급자족하는 수밖에 없을지도 모른다.

"첨가물은 몸에 좋지 않아요. 먹지 마세요."

"그 성분은 무척 해로운데."

흔히 이런 말들을 많이 한다. 이건 안 되고 저건 더 안 되고, 어떤 물질은 줄여야 한다느니 어떤 물질은 아예 빼야 한다느니, 첨가물 주변에서는 늘 잡음이 끊이지 않는다. 그러나 그런 식으로 목소리를 높여 떠든다고 해도 변하는 것은 아무것도 없다.

식품의 독성이나 유해물질 문제는 어떻게든 극복해야 할 과제임에 틀림없다. 그러나 탁상공론으로 해결할 일이 아니라는 점 역시 인정해야 한다. 좀 더 멀리서 '나무' 보다는 '숲' 을 본다는 마음으로 첨가물 세계를 들여다보자.

현대 사회에서는 수많은 사람들이 교통사고로 목숨을 잃는다. 교통사고를 줄이는 일이 절체절명의 과제라고 해서 자동차를 없애야 할까. 첨가물 문제에도 그와 같은 역설이 존재한다.

첨가물을_통해_누리는_혜택__⊙

첨가물이 무조건 추방해야 할 '공공의 적' 은 아니다. 되풀이되는 이야기지만 첨가물에도 틀림없이 이점이 있다.

일전에 강연 요청을 받고 지방의 한 도시에 출장을 간 적이 있다. 새벽 5시에 집을 나와서 7시 비행기를 탔는데, 아침식사를 할 시간이 없었다. 할 수 없이 공항에서 샌드위치와 커피를 샀다. 비행기에서 먹으며 살펴보니 샌드위치에는 30종 정도의 첨가물이 들어 있었다. 나는 아침부터 30가지의 첨가물을 먹어야 했다.

점심시간에는 신간선 열차를 타고 있었다. 식사를 해야겠는데 또 대충 때울 수는 없어 고급 도시락을 구입했다. 따져보니 그 도시락에도 40종에 가까운 첨가물이 들어 있었다. 몇몇 중복되는 품목이 있긴 했지만 아침과 점심 두 끼를 통해 나는 70가지에 달하는 첨가물을 먹은 것이다.

그렇다고 이것이 한탄만 할 일인가. 나는 이 식사를 통해 편리함이라는 가치를 얻지 않았는가.

그날 나의 아내는 일찍 일어날 필요가 없었다. 나는 그다지 서두르지 않고서도 여유 있게 비행기를 탈 수 있었다. 이른 시간이었지만 강연을 마칠 때까지 배고픔에 굶주리지 않아도 되었다. 비용도 그다지 많이 들이지 않고 간편하게 식사를 해결할 수 있었다.

우리가 오늘날 누리는 풍족한 식생활, 언제 어디를 가든 먹을 것이 넘치는 편리함, 그것은 가공식품의 발달로 얻은 혜택이다. 그리고 그 가공식품의 발달을 선도해온 수훈자는 단연 식품첨가물이다. 물론 첨가물의 남용에 대해서는 결코 찬성하지 않는다. 그렇다고 첨가물은 무조건 '악' 이라고 몰아세우는 것도 찬성할 수 없다. 첨가물의 장단점을 모두 이해하는 것, 그러한 균등한 사고야말로 오늘날 우리가 취해야 할 자세다. 왜냐하면 그와 같은 유연한 사고 속에 식생활 문제에 대한 해결의 열쇠가 들어 있기 때문이다.

식품첨가물은_악의_축인가__⊙

돌이켜보면 우리는 꽤 오래 전부터 첨가물을 사용해왔다. 우리 식탁에서 첨가물을 사용한 대표적인 식품은 두부다. 건강식품의 대명사로 오늘날까지 인기를 누리고 있는 두부는 콩에서 짜낸 두유에 '간수'를 넣어 응고시킨 식품이다. 여기서 간수가 바로 첨가물이다. 주성분은 염화마그네슘. 첨가물이 해롭다고 해서 간수조차 거부한다면 두부도 먹지 말아야 한다. 두유를 그대로 마시는 수밖에 없다.

일본에서는 예로부터 결혼식장 하객들에게 답례품으로 홍백찐빵을 나누어주는 관습이 있었다. 홍백찐빵에 잔잔하게 비치는 핑크색은 '식홍食紅'이라고 하는 색소가 만든다. 식홍은 물론 천연색소지만 첨가물임에 틀림없다. 첨가물이 싫다면 예식장에서 주는 홍백찐빵도 사양해야 한다.

또 색소뿐만이 아니라 찐빵의 피를 보면 부드럽게 부풀려져 있음을 알 수 있다. 비결은 무엇일까. 이것도 첨가물의 힘이다. '중조'라는 팽창제가 사용된다. 묵처럼 먹는 곤약菎蒻도 마찬가지다. 응고제로 수산화칼슘이 사용된다. 첨가물을 무조건 배척하는 사람이라면 찐빵이나 곤약과 같은 식품도 배척해야 한다.

다시 말하건대 첨가물에도 이점이 있다. 그것은 우리가 이제까지 알아본 간편, 신속, 저렴 등의 이유에서부터 두부나 홍백찐빵과 같은 전통식품을 즐길 수 있다는 일종의 문화적인 이유에 이르기까지 다양하다. 이와 같은 혜택은 접어두고 '이건 나빠', '저건 위험해', '먹으면 안 돼', '사면 안 돼' 하며 무조건 매도하는 것은 다시 생각해볼 일이다.

첨가물을 마치 '악의 축'인 양 몰아세우는 것이 능사는 아니다. 바람직한 식문화라는 큰 명제를 놓고 볼 때 틀림없이 첨가물의 역할이 있다. 그것은 결국 소비자와 식품과 첨가물 간의 관계 설정이다. 어디까지 허용하고 어디부터 삼가야 할 것인가. 그 점을 놓고 고민해야 한다.

첨가물_박사가_될_필요는_없어_ _⊙

강연회장에서 가끔 이런 질문들을 받는다.

"표기 내용을 보고 사라고 하시는데, 아무리 봐도 모르겠어요. 첨가물 공부를 해야 하나요?"

"첨가물 이름은 어려워서 도무지 외울 수가 없어요."

사람들은 보통 첨가물명을 암기해야 한다고 생각한다. 또 전문적으로 첨가물에 대해 공부해야 한다고 생각하는 사람도 많다. 그러나 절대로 그럴 필요가 없다. 억지로 암기한다 해도 곧 잊기 일쑤거니와 첨가물을 식별하는 데 꼭 전문지식이 있어야 하는 것은 아니기 때문이다.

어려운 것일수록 쉽게 생각하라고 했다. 가공식품에 사용하는 일반 첨가물을 부엌에 놓고 쓰는 가정은 없다. 그렇다면 '첨가물이란 부엌에서 발견할 수 없는 것'이라고 정의하면 어떨까. 그래서 부엌에서 쓰지 않는 물질이 보이면 사지 않는 식이다. 그런 식으로 생각하면 어렵지 않게 첨가물이 적게 들어 있는 식품을 선택할 수 있을 것이다.

또 현재는 식품첨가물에 대해 배울 만한 곳이 그 어디에도 없다. 학교에서도 첨가물에 대해서는 가르쳐주지 않는다. 일반인들로서는 기초적인 지식조차 얻기가 쉽지 않다. 소비자들이 식품 표기 내용에 관심을 갖지 않는 이유도 이런 사실과 무관하지 않다. 큰 문제가 아닐 수 없다.

나는 중학교 가정 시간에 첨가물 교육을 하면 좋을 것이라고 생각한다. 가령 중학생들에게 다음 표와 같은 퀴즈를 내보면 어떨까. 이른 나이에 첨가물에 대한 관심을 환기시킨다는 점에서 의미 있는 일이라고 생각한다. 여러분도 직접 퀴즈를 풀어보기 바란다.

조금 어렵다고 생각하는 사람이 있을지도 모르겠다. 그러나 모두 상식적인 수준의 내용들이니 조금만 관심을 갖는다면 쉽게 풀어낼 수 있을 것이다.

중요한 것은 이 정도 상식이 없다고 해서 문제가 되는 것은 절대 아니라는 사실이다. 물론 공부를 해서 첨가물 명칭이나 화학적 성질 등을 알고 있으면 도움이 될 것이다. 또 위험성에 대해서도 알면 좋을 것이다. 그러나 우리는 식품 전문가도 아니고 프로 요리사도 아니다. 모든 것을 상식적인 선에서 판단하는 것만으로 족하다. 그 정도로도 충분히 첨가물과의 게임에서 승리할 수 있다.

식품첨가물 퀴즈

※ 맞는 항목끼리 선으로 연결해보세요.

표기명	사용 목적	물질명
화학조미료 ●	● 식품의 pH를 안정시켜 보존성을 높임 ●	● 소르빈산칼륨
보존료 ●	● 물과 기름을 혼합시킴 ●	● 아스코르빈산나트륨
산화방지제 ●	● 식품의 변색과 지방 산패를 방지 ●	● 젖산
PH조정제 ●	● 식품에 산미를 부여함 ●	● 구연산, 구연산나트륨
유화제 ●	● 식품에 감칠맛을 줌 ●	● 글리세린지방산에스테르
산미료 ●	● 식품에 미생물 발생 방지, 유통기간을 늘려줌 ●	● L-글루타민산나트륨

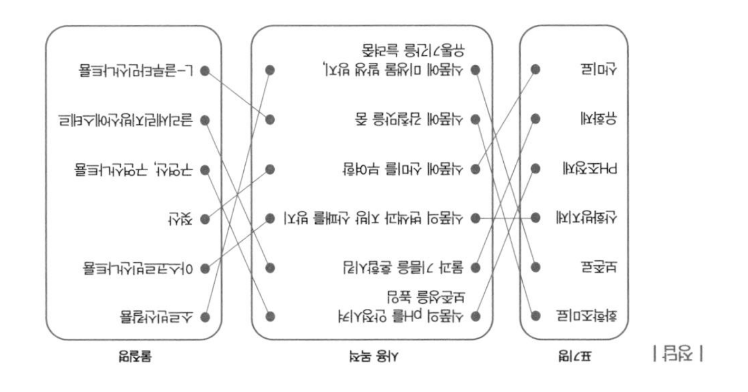

식품첨가물이란_부엌에_없는_것_ _⊙

식품첨가물이란 무엇일까. 식품 전문가라면 이런 식으로 정의할 것이다.

"식품 제조 과정에서 어떤 목적으로, 이를테면 가공 편의 또는 보존력 향상 등을 위해 식품에 넣어 섞어주는 물질을 말한다. 그 역할은……."

그러나 전문가가 아닌 일반 소비자는 앞에서 말한 '부엌에서 쓰지 않는 것' 이란 정의로도 충분하다.

각 가정의 부엌에는 여러 종류의 조미 재료가 있다. 공통적으로 들 수 있는 것이 식염, 식초, 간장, 설탕, 미림 등. 여기에 화학조미료는 있는 집도 있을 것이고 없는 집도 있을 것이며, 경우에 따라 중조나 베이킹파우더가 있는 집도 있을 것이다. 단무지를 직접 담가 먹는 집이라면 혹시 치자황색소도 있을지 모르겠다.

하지만 부엌에서 음식을 만들 때 보존 기간을 늘리자고 소르빈산을 사용하는 집은 없을 것이다. 아질산나트륨이나 안식향산, 폴리인산도 물론 없을 것이고 산탄검이나 코치닐색소도 없을 것이다.

이처럼 부엌에서는 발견할 수 없는 것, 듣도 보도 못한 이상한 물질이 피해야 할 식품첨가물이다.

그러면 이러한 상식을 바탕으로 식품의 이면을 이해해보자. 가공식품에는 원재료를 표시하는 라벨이 붙어 있다. 이 라벨이 식품을 이해하는 가장 좋은 안내자다. 여기에는 주원료만이 아니라 첨가물들도 표기되어 있다. 이해를 돕기 위해 라벨을 직접 보며 이야기해보자. 이 라벨이 붙어 있는 제품은 모 회사의 고급 도시락이다.

명칭 _ 도시락
원재료 _ 흰밥, 복어, 조림(우엉, 연근, 두부), 계란말이, 콩조림, 소시지, 어묵, 마카로니샐러드, 오이, 차조기피클, 화학조미료, pH조정제, 글리신, 산미료, 향료, 착색료(캐러멜, 카로티노이드, 치자, 적색102호, 적색3호, 적색106호, 황색4호, 청색1호), 표백제(아황산염), 인산나트륨, 산화방지제, 유화제, 발색제(아질산나트륨), 보존료(소르빈산칼륨), 증점제, 폴리리신, 응고제

사용 원료가 많기도 하거니와 낯선 첨가물 이름투성이다. 어떤 것이 독성이 있는지, 어느 품목이 유해한지 판단하기가 쉽지 않다. 그렇다고 한탄만 할 수는 없다. 어려울 때는 아마추어적인 시각으로 '식품첨가물은 부엌에 없는 것' 이란 등식에 입각하여 하나하나 확인해보자.

밥은 물론이고 복어, 조림 등 반찬류는 부엌에 얼마든지 있다. 화학조미료는 누가 보든 첨가물이다. pH조정제는 부엌에 없는 것이고, 글리신도 마찬가지……. 이런 식으로 차례로 확인해나가면 첨가물의 옥석을

쉽게 가릴 수 있다. 또 첨가물들이 식품에 사용되는 실태도 어느 정도 파악할 수 있다.

이처럼 원료 표기란에서 부엌에 있는 것과 없는 것을 나누어놓고 보면 판단하기가 쉬워진다. 부엌에 없는 것이 적은 제품을 선택하면 된다. 굳이 공부하지 않더라도 어렵지 않게 첨가물의 예봉을 피할 수 있는 방법이다.

첨가물_만능_시대를_살아가는_5가지_제안_ _⊙

오늘날은 그야말로 첨가물 만능 시대다. 우리 식생활에서 첨가물이란 무엇인가? 우리는 첨가물을 어떻게 보아야 할 것인가? 좋은 점은 취하고 나쁜 점은 버려야 한다. 여기서 첨가물 만능 시대를 현명하게 살아가는 지침 다섯 가지를 살펴보자.

① 표기 내용을 꼼꼼히 읽고 구입하자 - 습관화시켜야

식품 매장에서 쇼핑을 할 때 표기 내용을 살펴보는 사람이 몇 명이나 될까. 대부분 가격과 디자인 또는 유통기한 정도만 보고 장바구니에 넣는다. 그러나 앞으로는 제품의 뒷면도 꼼꼼히 살펴서 첨가물 정보를 반드시 확인하자. 이런 일은 아예 습관화시키는 것이 중요하다.

첨가물 정보를 확인한 후 '부엌에 없는 것'이 적은 제품을 선택한다.

낯선 물질명들이 즐비한 제품은 무조건 뺀다.
물론 '부엌에 없는 것' 이 전혀 안 들어 있는 식품을 찾기란 쉽지 않을 것이다. 어쩌면 거의 불가능할지도 모른다. 따라서 '부엌에 없는 것' 이 가급적 적은 제품을 선택하자는 것이다.
가령 포장 야채를 구입한다고 치자. 원재료 표시란에 야채 이름만 기재된 제품이 있는가 하면 표백제, pH조정제, 산화방지제 등과 같은 첨가물명이 함께 기재된 제품도 있다. 이 사실을 알고 사는 것과 모르고 사는 것은 천지차이다.
요컨대 최소한 '부엌에 없는 것' 은 되도록 멀리하겠다는 신념을 갖자. 굳이 첨가물에 대한 독성 지식이 없다 해도 저절로 안전성이 높은 식품을 선택하게 될 것이다.

② 가공도가 낮은 제품을 선택하자 – 첨가물을 피하려면 불편을 감수해야

식품을 구입할 때는 될 수 있는 대로 가공도가 낮은 쪽을 선택하는 것이 중요하다. 첨가물 사용량은 가공의 정도와도 관계가 있다.
이를테면 밥을 생각해보자. 전혀 가공하지 않은 상태가 생쌀이다. 그렇다면 편의점 같은 곳에서 파는 삼각김밥이나 냉동필라프는 어떨까. 아마 밥 가운데서는 가공도가 가장 높은 편에 속할 것이다. 쌀을 사다가 집에서 밥을 하면 첨가물은 제로다. 하지만 삼각김밥이나 냉동필라프에는 화학조미료나 글리신 등의 첨가물이 들어 있다.
그런데 집에서 밥을 직접 짓기가 어려운 경우도 있다. 이런 때는 삼각김밥이나 냉동필라프를 선택할 것이 아니라 가공도가 상대적으로 낮은 포장 밥을 사라는 이야기다. 다소 불편할지는 모르지만 첨가물을 피하는 현명한 선택이다.

야채도 마찬가지다. 가공되지 않은 야채에는 첨가물이 들어 있지 않다. 그러나 썰어서 팩으로 포장한 제품은 차아염소산나트륨으로 살균되어 있다. 가장 가공도가 높은 것을 든다면 단연 중화요리 소스일 것이다. 여기에는 화학조미료는 물론이고 단백가수분해물, 증점제, 착색료, 산미료 등 첨가물이 다양하게 들어간다.

물론 가공도가 높은 식품이라고 해서 무조건 사절하라는 이야기는 아니다. 그런 식품은 간편함이라는 무시할 수 없는 가치를 가지고 있는 만큼 바쁠 때 가끔씩은 즐길 수 있다. 다만 너무 자주 이용하는 것은 곤란하다. 보통 때는 가급적 야채를 그대로 사서, 다듬고 씻어 먹겠다는 생각을 갖는 것이 중요하다. 즉, 불가피할 때만 이용하자는 이야기다.

불편을 감수할 것인가, 첨가물에 안주할 것인가. 결국 선택의 문제다. 분명한 점은 가공도가 높을수록 첨가물 사용량이 늘어난다는 사실이다. 빛이 밝은 만큼 그림자는 더 어둡게 마련이다. 식생활에서 불편은 건강을 의미한다.

③ 먹더라도 알고 먹자 – 1주일 단위로 생각

음식을 알고 먹는 것과 모르고 먹는 것에는 대단한 차이가 있다. 내가 먹는 음식은 물론이고 가족이 먹는 음식까지 어떤 첨가물이 들어 있는지 체크해볼 필요가 있다.

예를 들어 오늘은 어쩔 수 없이 레토르트 포장의 마파두부 소스로 음식을 만들었다고 치자. 편의점에서 포장해 파는 감자샐러드를 이 음식에 곁들여 먹기로 했다. 표기 내용을 보면 이 두 식품만으로도 얼마나 많은 첨가물을 섭취하는지 알게 된다. 그리고 이처럼 첨가물 정보를 알고 먹는다는 것은 대단히 중요한 의미를 지닌다.

"미안! 오늘은 엄마가 바빠서 이걸로 요리를 했단다. 엄마도 처음 보는 첨가물들이 들어 있더구나. 그래도 한번 먹어볼까?"

비록 가공식품으로 요리를 하긴 했지만 이런 경우는 알기 때문에 반성하게 된다. 이 반성의 마음은 대체로 세 가지로 나누어질 것이다. 하나는 '꾀를 부려서 미안하다' 는 마음일 것이고, 또 하나는 '첨가물을 먹게 해서 미안하다' 는 마음일 것이며, 마지막 하나는 '음식의 소중함을 망각해서 미안하다' 는 마음일 것이다.

알면 반성하고, 반성하면 미안한 마음을 갖게 된다. 그리고 '다음에는 꼭 모든 음식을 직접 만들어야지' 하고 각오를 다지게 된다.

"처음부터 전부 집에서 만들긴 힘들걸."

"시간이 없어서 도저히 안 돼요."

첨가물 이야기를 하는 자리에서 흔히 듣는 말이다. 요즘 같은 시대에 가공식품과 단절하고 모든 음식을 직접 만들어 먹는다는 것은 무리라는 이야기다. 맞는 말이다. 가끔씩은 첨가물이 들어 있는 식품을 먹을 수밖에 없다. 나 역시 그런 식생활을 하고 있으며, 그 편리함에 감사하는 마음을 갖는다.

그렇다면 어느 정도 이용하는 것이 좋을까. 물론 절대적인 기준은 없다. 여기서 중요한 것은 자신과 가족이 무엇을 먹었는지 알고 있어야 한다는 사실이다. 알고만 있으면 미안한 마음이 생기게 되고, 다음에는 직접 음식을 만들어 먹겠다는 생각이 든다.

이를테면 '이번 주에는 사흘이나 가공식품을 먹었으니 나머지 날은 음식을 만들어 먹어야겠다'는 생각이 든다는 뜻이다. 이 경우 첨가물의 독성이나 위험성에 대한 지식은 불필요하다.

재삼 강조하건대 어차피 가공식품을 피할 수 없다면 일주일 단위로 날을 정해서 먹자. 이틀을 먹을 것인가, 사흘을 먹을 것인가? 가장 중요한 것은 내가, 우리 가족이 무엇을 먹었는지 아는 일이다.

④ 가격으로 판단하지 말자 – 싼 게 비지떡!

식품도 상품인 만큼 싸게 사고 싶은 마음이 인지상정이다. 그렇지만 어떤 식품이 유독 싸고 편리하다면 다 그만한 이유가 있게 마련이다. 그 비밀은 표기 내용에 있다.

큰 식품 매장에 가보면 '가격파괴'라는 말로 소비자를 유혹하는 광경을 많이 본다. 흔히 유통 구조를 개선하여 비용을 대폭 줄였다고 선전한다. 하지만 아무리 그렇더라도 20~30퍼센트씩이나 낮춰서 팔 수 있을까? 가격파괴의 뒷면에는 과거의 나와 같은 첨가물 업자들의 암약이 숨어 있는 것이다.

지금까지 398엔에 팔던 소시지가 있다. 앞으로는 298엔에 팔고 싶다면 어떻게 해야 할까. 식품업계의 '프로' 들에게 이런 일은 식은 죽 먹기다. 질이 다소 떨어지는 재료를 쓰면 된다. 만일 맛이나 외관이 나빠진다면? 그런 문제를 해결하기 위해 있는 것이 첨가물이다. 이익은 전혀 훼손시키지 않고 간단히 그럴듯한 제품을 만들 수 있다. 이런 제품들이 싼 것만 찾는 소비자에게는 더없는 인기 품목이다. 그들은 행운을 잡았다고 생각한다.

마시는 물도 상황이 비슷하다. 요즘 생수업계는 그야말로 전쟁이다. 식품 매장의 생수 코너에는 각종 미네랄 워터들이 다양하게 진열되어 있다. 해양심층수, 활성수소수, 환원수, 이온교환수, 전기분해수……. 종류가 많은 데다 가격도 천차만별이어서 일반 소비자들은 어느 것을 선택해야 할지 망설여진다.

그런데 한 가지 짚고 넘어가야 할 점은 그 많은 물들 가운데에는 단지 수돗물을 기계적으로 정화시킨 후 미네랄을 억지로 주입한 제품도 있다는 사실이다. 그런 경향은 가격이 싼 제품들 속에서 나타날 가능성이 크다.

물론 수돗물을 정화시켜 파는 것이 나쁘다는 뜻은 아니다. 다만 그런 물을 마치 천연 미네랄 워터인 양 오해하게끔 하는 것이 바로 문제다. 소비자는 가열 처리하지 않은 '자연의 물' 을 좋아한다. 이를테면 깊은 산 속의 빙설로부터 천천히 녹아내려 지하로 흘러든 물을 말한다. 그런 물에는 인공적으로 흉내 낼 수 없는 귀중한 천연 미네랄이 들어 있다.

이런 차이는 가격으로 나타난다. 미네랄을 강제로 주입하여 만든 물은 싸지만 천연 미네랄 워터는 비쌀 수밖에 없다. 왜 같은 양임에도 불구하고 100엔짜리가 있고 1,000엔짜리가 있을까. 생수를 구입할 때도 마찬가지로 이런 의문을 가져야 한다. '싼 게 비지떡' 이란 말이 오늘날의 식품 시장을 잘 묘사한다.

⑤ 사소한 의문을 갖자 – 첨가물 이해의 첫 단추

앞에서도 언급했지만 가공식품을 구입할 때에는 나름대로의 의문을 갖는 일이 중요하다. 의문을 가지면 관심이 생기고 더 자세히 알고 싶어지기 때문이다. 그것이 결국 식품첨가물 이해의 첫걸음이다.

"이 햄버거는 왜 이렇게 싸지?"

"이 포장 야채는 왜 늘 싱싱한 걸까?"

"커피 크리머는 어딜 가든 무료로 나누어줘. 왜 그럴까?"

"명란젓 색깔이 이토록 아름다운 이유는 무엇일까?"

"미림맛 조미료에서 '맛' 이란 말은 무엇을 의미할까? 순쌀미림과 어떻게 다르지?"

"쌀로만 만든 청주라? 그럼 쌀로 만들지 않은 청주도 있단 말인가?"

이처럼 의문을 가지면 자연스레 표기 내용으로 눈이 간다. 대부분의 경우 그곳에 정답이 있다.

첨가물 이야기와는 다소 다른 내용일지 모르지만, 농약 문제도 의문으로부터 이해의 실마리를 풀 수 있다. 야채가게에 가면 흔히 볼 수 있는 건강 야채의 대명사 당근. 보통 세 개를 한 봉지에 넣어 100엔씩 팔고 있다.

"이 당근들은 자연에서 생산된 농산물임에도 왜 이렇게 모양이 균일할까?"

평소에 이런 의문을 가져본 사람이 있을까? 모양만 똑같은 것이 아니라 크기와 무게까지 거의 비슷하다. 마치 공산품처럼 말이다. 이런 의문을 가지면 그것이 농약과 화학비료의 힘이라는 사실을 알 수 있을 것이다.

거듭 말하거니와 일단 의문을 품으면 어떤 형태로든 정답이 주어진다. 식품과 첨가물 상식에서는 그 점이 중요하다.

부엌에_있는_것들도_재고해봐야__

2장에서 거론했던 간장맛 조미료에 대해 다시 한 번 생각해보자. 식품점에서 보통 198엔에 팔리고 있다. 이 가격은 정통 간장에 비하면 5분의 1 수준에 불과하다. 제품 전면에는 대두, 소맥 등이 표기되어 있지만, 후면에는 도무지 알 수 없는 첨가물 이름들이 빼곡히 적혀 있다. 이 제품에 비하면 정통 간장은 터무니없이 비싸다. 하지만 그것을 값으로만 비교할 수 있을까?

"첨가물이 없는 제품만 고르다보면 식비가 너무 올라가요."

"우린 돈이 없어서요. 참 힘들어요."

이런 이야기도 종종 듣는다. 무첨가 · 무농약 식품만 고집한다면 식비가 더 드는 것은 당연지사. 그러나 식비 탓을 하기 전에 먼저 우리 부엌을 돌아보자.

지금 부엌에 있는 식재료들은 정말로 모두 필요한 것들일까. 냉장고에 들어 있는 각종 드레싱류, 무슨 무슨 양념이니, 소스니, 육수니 하는 조미 재료들……. 필요 이상으로 채워져 있는 것은 아닐까. 그리고 그 제품들은 과연 꼭 있어야만 하는 것들일까.

드레싱은 물론이고 불고기 양념, 폰즈 소스 등 모두 부엌에서 직접 만들 수 있다. 생각보다 어렵지 않고 비용도 적게 든다. 물론 첨가물 걱정은 전혀 하지 않아도 된다는 것이 무엇보다 큰 자랑이다.

직접 만들 경우 맛에 대해 자신하지 못하는 사람이 많은데, 그 점도 염려할 필요가 없다. 오히려 더 맛있게 만들 수 있다는 사실을 알게 될 것이다. 특히 전통 간장과 식초, 유자 과즙 등으로 만든 폰즈 소스는 직접 만들어야 제 맛이 난다.

식생활도 습관이다. 바꾸기 위해서는 생각을 먼저 바꿔야 한다. 조금만 달리 생각해보면 식생활 개선도 그다지 어렵지 않다. 우선 가짜 식재료들을 부엌에서 몰아내자.

요즘 어린아이들의 식생활을 보면 장래가 걱정되지 않을 수 없다. 무슨 음식이든 마요네즈나 케첩을 뿌려야만 먹는 아이들, 과자를 마치 주식인 듯 즐기는 아이들, 저녁식사조차 레토르트식품이나 컵라면으로 때우려는 아이들…….

"엄마가 만든 건 맛 없어요. 편의점에서 사면 맛있는데."

아이들로부터 이런 이야기를 흔히 듣는다. 이미 첨가물 맛에 깊이 길들여져 있다는 뜻이다.

아울러 이는 우리 식탁이 붕괴되어가고 있다는 신호이기도 하다. 식탁의 붕괴는 가정의 붕괴를 의미하고, 나아가 사회의 붕괴를 의미하며, 결국 나라의 붕괴로까지 연결될 수 있다.

요즘 우리 식탁은 햄버거와 식품점의 포장 반찬 몇 가지로 이루어진다. 조금 잘 차린다면 고기를 볶아서 레토르트식품에 버무린 중국식 요리라든가, 스파게티에 통조림 소스를 뿌린 서양 요리 정도가 추가된다. 이런 음식에 엄마의 정성이 들어갔다고 볼 수 없다. 이와 같은 음식을 먹고 자란 아이들은 결코 정상적인 미각을 가질 수 없다. 오직 첨가물 맛, 다시 말해 '황금트리오'의 맛만 기억할 뿐이다.

물론 시판되는 각종 포장 반찬들을 전혀 이용하지 말자는 이야기는 아니다. 되풀이되는 말이지만 현대인은 첨가물과 완전히 담을 쌓을 수는 없다. 다만 가정요리의 기본은 가급적 가공도가 낮은 재료를 사서 집에서 직접 조리한다는 데에 있음을 자각하자는 것이다.

이 즈음에서 우리에게 중요한 것은 식생활에 대한 잘못된 인식을 바로잡는 일이다. 가공식품에 대한 의존도를 최대한 낮추는 일이 식탁의 붕괴를 막는 가장 현실적인 방법이다.

음식의_고귀함을_모르는_아이들__⊙

가공식품 위주로 이루어지는 현대인의 식생활이 단지 미각의 왜곡이라는 문제만 안고 있을까. 어린아이들 사이에서 번지고 있는 음식물 경시 풍조 역시 심각한 문제가 아닐 수 없다.

요즘 아이들이 보릿고개를 알 턱이 없다. 웬만한 가정의 자녀들이라면 누구든 먹고 싶을 때 먹고 싶은 음식을 마음대로 먹을 수 있다. 이런 아이들에게 음식에 대한 감사의 마음이 생겨날 리 만무하다.

식생활이란 숭고한 것이다. 음식을 먹는 일은 다른 생명체의 생명을 받아들이는 행위다. 공장에서 대량으로 생산되는 가공식품으로 식생활을 영위하는 아이들이 음식의 고귀함을 깨닫기는 쉽지 않다. 그런 아이들에게 자연의 섭리란 낯선 단어일 수밖에 없다.

나는 시골 출신이다. 어릴 때 집에서는 닭을 키웠다. 병아리에게 모이를 주는 것이 나의 일이었다. 병아리는 4~6개월 정도 성장하면 어미닭이 된다. 아버지께서는 가끔 집에서 닭을 잡으셨다. 닭을 잡는 광경을 보면 가슴이 아프기도 했지만, 이튿날 백숙으로 요리되어 밥상에 올라왔을 때는 사뭇 경건한 마음이 들곤 했다. 우리 음식에는 그렇듯 자연의 생명이 들어 있는 것이다.

닭 키우는 일만이 아니고 나는 밭에서 야채 농사도 돕곤 했다. 학교 논에서는 모내기, 벼 베기, 이삭줍기 등과 같은 일도 했다. 가축뿐만이 아니라 야채나 곡물도 생명체이고, 그 생명이 음식으로 승화된다는 사실을 생활 속에서 배울 수 있었다.

이런 경험은 비단 내게만 있는 것이 아니다. 불과 한 세대 전의 아이들은 이렇듯 '자연의 생명을 먹는' 행위에 대해 잘 알고 있었다. 굳이 누가 가르쳐주지 않더라도 음식의 고귀함을 피부로 느낄 수 있었다.

음식_속에는_자연의_생명이_ _⊙

그러나 유감스럽게도 요즘 아이들은 음식의 소중함을 배울 수 있는 환경에 놓여 있지 않다. 목장에서 한가로이 풀을 뜯는 소가 어떻게 식품 매장에 진열된 포장 쇠고기로 바뀌는지 알 턱이 없다.

나는 과거에 육가공업체 공장에도 견학을 간 적이 있다. 소가 도살되어 포장육으로 가공되는 일련의 과정을 보노라면 자못 잔혹하다는 생각도 든다. 그러나 우리가 맛있게 먹는 음식 속에는 자연의 생명이 들어 있다는 사실을 배우기에는 더없이 좋은 현장이다.

요즘 아이들에게도 식품이 만들어지는 과정을 알려주어야 한다. 아무렇지도 않게 먹는 쇠고기가 얼마나 많은 생명의 희생으로 만들어진 것인지 말이다.

비단 쇠고기뿐만이 아니다. 오늘 저녁에 먹은 햄버거는 하늘에서 저절로 떨어진 것이 아니다. 소나 돼지라는 동물의 생명이 들어 있는 것이고, 양파나 감자 같은 식물의 생명이 들어 있는 것이다.

음식에 생명이 들어 있다고 해서 먹지 않겠다고 생각하는 사람은 없다. 삶을 영위하기 위해서는 동물이건 식물이건 음식으로 만들어 먹어야 한다. 오히려 그런 사실을 알게 됨으로써 '소야, 고맙다', '양파야, 고맙다' 라는 생각을 갖는다.

또 우리가 고마워해야 할 대상은 소나 양파만이 아니다. 소를 사육하고 양파를 재배하는 농민은 물론이고, 그것들을 운반하고 판매하는 유통업자도 해당된다는 사실을 알 수 있다.

무릇 음식이란 여러 과정을 거쳐 우리 입에 들어오게 마련이다. 그 속에는 많은 사람들의 노고가 어려 있다. 하다못해 양파만 하더라도 농부가 부지런히 일해서 얻은 땀의 산물이다. 아무리 하찮은 식품이라도 결코 경시해서는 안 되는 이유가 바로 여기에 있다. 음식에 대한 고마운 마음, 소중한 마음을 갖는 일이야말로 오늘날 아이들이 하루빨리 갖추어야 할 귀한 덕목이다.

음식을_경시한_대가__⊙

최근 아이들의 주의력 결핍, 과잉행동장애ADHD 현상이나 청소년 폭력이 큰 사회 문제로 대두되고 있다. 흔히 영양 불균형, 첨가물의 과잉 섭취 등을 그 원인으로 꼽는다.

물론 영양상의 문제나 화학물질도 청소년의 정서를 해치는 요인임에 틀림없다. 그러나 나는 그보다 더 큰 다른 요인이 있다고 생각한다. 그것은 바로 음식을 가볍게 보는 데 따른 문제다.

음식을 우습게 여기는 아이는 생명도 대수롭지 않게 생각한다. 그리고 그런 아이는 인명의 존귀함도 망각할 수 있다. 남에게 피해를 준다든가 폭력을 휘두르는 아이의 배후에는 음식 경시 사고가 있다. 음식을 귀하게 여기는 아이는 결코 남에게 피해를 끼치지 않는다는 것이 나의 지론이다.

따라서 오늘날 아이들에게 가장 중요한 것은 식생활 교육이다. 식생활 교육은 음식에 대해 고마운 마음을 갖도록 하는 일부터 시작되어야 한다. 일본에서는 식사하기 전에 항상 "잘 먹겠습니다"라고 말한다. 이 말은 음식에 대한 고마운 마음의 표현이다. 동물과 식물의 귀한 생명이 깃든 음식을 감사하게 받아들이겠다는 뜻이다. 이런 마음을 가진 아이에게는 굳이 음식을 남기면 안 된다든가 하는 잔소리가 필요 없다.

먹을거리에 대한 소중함을 가르치기 위해서는 야채를 직접 키우는 방법도 좋다. 집에 정원이 있다면 작게라도 채소밭을 꾸며볼 것을 권한다. 정원이 없는 집이라면 플랜터planter를 이용하는 방법도 있다. 파나 방울토마토 정도는 충분히 재배할 수 있을 것이다. 경우에 따라서는 허브와 같은 약용 작물도 키워볼 만하다.

이처럼 야채를 직접 재배해보면 많은 경험을 할 수 있다. 매일 물을 주어야 하는 것은 물론이고, 잡초도 뽑아야 하고 벌레도 잡아야 한다는 사실을 알게 된다. 또 관리를 잘못하면 때로 시들어 죽는 놈도 생기는데, 이런 일들이 모두 좋은 공부거리다.

하루는 친구 집에서 이런 일이 있었다. 유치원에 다니는 그 집 딸아이가 정원에 있는 채소밭에 물을 주고 있었다.

"어유, 공주님이 농사짓느라 고생이 많구먼!"

내가 대견스럽다는 투로 말을 건네자 아이가 물었다.

"아저씨, 근데 왜 얘들은 물만 먹고도 잘 자라요?"

내가 뭐라고 대답해줄까 생각하고 있을 때, 아이가 별안간 "아, 안 돼!" 하고 소리를 질렀다. 채소 이파리에 붙어 있는 벌레를 발견한 것이었다.

"안 돼, 잎은 먹지 마!"

나는 아이가 벌레를 잡아버리지 않을까 생각했다. 그러나 웬걸! 벌레를 톡톡 치면서 줄기 쪽으로 내려가도록 인도하는 것이 아닌가! 아이의 따뜻한 마음씨가 예뻐서 보기 좋았다. 참교육이란 이처럼 아이들의 순수하고 아름다운 마음을 더욱 북돋아주는 것이다.

부모가_요리하는_모습을_자주_보여줘야_ _⊙

자녀에게 음식의 소중함을 가르치기 위해 해야 할 일이 또 하나 있다. 부모가 요리하는 모습을 자주 보여주는 일이다. 앞에서도 잠시 언급했듯, 고기든 야채든 식탁에 오르기까지의 과정을 보여주는 것이 중요하다.

'백문이 불여일견' 이란 말은 아이들이라고 해서 예외가 아니다. 백날 말로 설명하는 것보다 눈으로 직접 보게 하고 피부로 느끼게 하는 일이 중요하다. 부모가 직접 요리하는 것이야말로 이 목적에 가장 잘 부합하는 교육 방법이라 할 수 있겠다.

일반적으로 음식을 먹는 시간은 5분 또는 10분 정도에 불과하다. 하지만 음식은 그렇게 빠른 시간에 만들 수 없다. 가공식품에 의존하지 않고 요리를 한다면 보통 1~2시간은 족히 걸린다.

'이 찌개를 만드는 데 1시간이나 걸리는구나.'

'이 찜은 엄마가 어젯밤부터 재료를 준비했으니 이틀이 걸린 셈이군.'

이런 생각을 하는 아이는 음식을 결코 가볍게 보지 않는다. 그것이 바로 아이에게 요리하는 모습을 보여주어야 하는 이유다.

예를 들어보자. 식품점에서 파는 감자샐러드는 가격이 100그램에 128엔 정도 한다. 이 제품은 전문업자가 대량으로 생산한 반제품을 소분 포장한 것이다. 미리 으깨놓은 감자에 마요네즈와 pH조정제, 화학조미료, 글리신, 유화제, 산미료와 같은 첨가물을 버무려 만든다. 이때 사용하는 마요네즈는 엄밀하게 말해서 마요네즈가 아니다. 가짜 마요네즈다.

이런 감자샐러드를 먹는 아이들이 기억하는 것이라곤 오직 첨가물 맛뿐이다. 아울러 감자샐러드란 돈만 조금 주면 간단히 구할 수 있는 음식으로 기억한다. 그 제품에서 누구의 정성을 발견하기란 쉽지 않다.

그러나 집에서 직접 만들어보면 감자샐러드는 그렇게 간단한 음식이 아니란 사실을 알게 된다. 감자를 쪄서 껍질을 벗기고 으깬다. 양파를 썰어서 끓는 물에 데치고 오이도 송송 썰어 소금에 절인다. 계란을 삶아 껍질을 벗기고 잘게 썬다. 이것들을 모두 섞어 마요네즈와 식염, 후추 등을 넣고 잘 버무린다. 이 작업은 감자를 찌는 시간까지 합쳐 줄잡아도 1시간은 걸린다.

이런 과정을 지켜본 아이는 감자샐러드를 결코 버리는 일이 없다. 하지만 식품점의 싸구려 제품만 본 아이는 감자샐러드를 우습게 여기기 일쑤고 툭하면 버린다. 엄마가 1시간 이상 품을 들여 요리를 만든다는 것은 사실 쉽지 않은 일이다. 그러나 아이는 그 모습을 보면서 말로 설명할 수 없는 귀중한 것을 배운다.

식생활_교육은_길게_봐야_ _⊙

자녀에게 음식 만드는 모습을 보여주자는 제안에 대해 어렵게 받아들이는 사람이 많다. 메주를 쑨다든가 어묵을 만든다든가

하는 복잡한 일을 떠올리기 때문이다. 그러나 밥을 짓거나 된장국을 끓이는 등 일반 가정에서 흔히 먹는 음식을 만들어 보이는 것으로도 충분하다.

일전에 우리 집에서 12살짜리 조카아이의 생일잔치를 치른 적이 있었다. 생일상을 받은 조카는 눈살을 잔뜩 찌푸리고 음식을 둘러보았다. 아내와 내가 준비한 음식들이 못마땅했던 모양이다. 그도 그럴 것이 빛바랜 듯 거무튀튀한 베이컨에 죽순과 야채 무침, 누런 현미밥, 찐 감자, 삶은 콩 등 이상한 음식들 일색이었으니 말이다.

조카는 삼촌이 생일 파티를 열어준다고 하여 큰 기대를 걸었음에 틀림없다. 다양한 형태의 소시지, 예쁜 나뭇개비가 꽂힌 치킨너겟, 햄과 치즈 그리고 각종 청량음료와 주스들이 가득한 호화찬란한 생일상을 그렸을 것이다.

그러나 웬걸! 맛있는 요리는커녕 시골 냄새가 풀풀 나는 엉뚱한 음식들로만 채워져 있으니……. 마침 아내가 제과점을 운영하고 있었기에 친건강 케이크를 준비했는데, 그게 있어 그나마 다행이라면 다행이었을까. 다른 것들은 도무지 음식같이 보이지 않았던 모양이다.

숟갈을 뜨는 둥 마는 둥 억지로 식사를 마친 조카는 돌아가서 이렇게 말했다고 한다.

"엄마, 삼촌네는 꽤 가난한가봐."

우리 부부는 배꼽을 쥐고 웃었다.

그러나 조카에게 낙제점수를 받은 그날 요리는 아내와 내가 하루 전부터 준비해 만든 음식이다. 옆에서 딸아이도 도와주었다. 첨가물을 일절 사용하지 않은 베이컨은 닷새 전에 이미 재워놓았다. 콩도 하루 전에 물에 담가 불려놓았고, 감자는 아침 일찍 껍질을 벗겼다. 언뜻 보기에는 대충 만든 듯 보이지만, 그 음식에는 우리 가족의 정성이 듬뿍 담겨 있었던 것이다.

먹음직스러워 보이고 겉으로만 화려하게 음식을 준비하기는 오히려 더 쉽다. 3,000엔만 들이면 프라이드치킨에 칠리새우, 햄버거 등의 가공식품으로 그럴듯하게 상을 차릴 수 있기 때문이다. 형형색색으로 예쁘게 장식해놓은 파티용 샐러드, 페트병에 물들인 듯 담겨 있는 노랗고 빨간 각종 주스들, 시장에 가면 얼마든지 아이들이 좋아하는 음식을 구입할 수 있다.

하지만 아이들이 좋아한다고 해서 무조건 그런 식품으로 상을 채우는 것이 옳을까. 비록 겉모양은 볼품없지만 가족의 정성이 들어 있는 음식과는 비교할 수 없다. 다이아몬드와 흑연을 비교하는 것이나 마찬가지일 터다.

그런데 여기서 또 한 가지 생각해볼 점이 있다. 식생활 지도가 중요하다고 해서 너무 서두르면 안 된다는 점이다. 부모로서는 "첨가물은 나쁘다", "스낵은 앞으로 먹지 말라"며 자녀에게 당장 가시적인 행동 개선을 요구하는 일이 다반사다.

하지만 식습관은 하루아침에 만들어지지 않는다. 자녀는 십중팔구 따르지 않을 것이다. 흔히 식생활 지도는 길게 보라는 이유가 바로 여기에 있다. 이는 1, 2년 사이에 해결될 일이 아니다. 10년이라는 긴 안목으로 접근해야 한다.

요즘 '슬로푸드 운동'이 한창이다. 그 운동 속에는 '슬로 에듀케이션slow education'이라는 대단히 중요한 의미도 들어 있다고 보고 싶다. 12살짜리 조카아이는 내가 차려준 생일상을 보고 실망했지만, 언젠가는 내 뜻을 알아줄 것을 믿어 의심치 않는다.

요리에_참여시키는_것도_좋은_식생활_교육__⊙

자녀에게 음식 만드는 모습을 보여주는 것이 중요하다고 했다. 그렇다면 아이가 좀 컸을 때는 어떻게 하는 것이 좋을까. 직접 요리하는 것을 돕도록 시켜야 한다. 다시 말해 요리 만드는 데 참여시키는 것이다.

감자를 까거나 오이 써는 일을 돕는 것만으로도 아이는 음식의 소중함을 배울 수 있다. 하다못해 우엉 껍질을 벗기는 일 속에서도 새로운 것을 경험하고 느낄 수 있다.

"껍질은 왜 식칼의 등을 이용하여 긁는 것일까?"

"우엉을 자르면 금세 검게 변하는데, 왜 그렇지?"

의문에 의문이 꼬리를 물 것이다. 검게 변한 우엉은 하지만 식초를 탄 물에 담그면 다시 하얘진다. 어른들은 당연하다고 생각하겠지만, 아이들에게는 신기한 일이다.

된장국에 넣는 두부는 보통 주사위 모양으로 자른다. 능숙한 엄마는 이때 손바닥을 도마로 사용하는데 아이들에게는 깜짝 놀랄 광경이다. 두부만 잘리고 손바닥은 베지 않으니 말이다.

이처럼 음식 만드는 일을 돕다보면 놀라운 장면을 볼 수도 있고, 신기한 경험을 할 수도 있다. 그런 일들을 통해 아이는 나름대로 식생활에 대한 올바른 가치관을 정립한다. 물론 식사 후에 설거지하는 일도 빠뜨릴 수 없는 공부거리다.

하지만 현실은 어떤가. 요즘 자녀에게 도움을 기대한다는 것은 어불성설이다. 부엌일이라면 특히 더 그렇다. 어쩌다 엄마가 일이라도 시킬라치면 좋은 핑계거리가 있다. 숙제다. 숙제해야 한다고 하면 엄마도 두 번 다시 도와달라는 이야기를 꺼내지 않는다.

"숙제는 이따가 엄마가 도와줄게. 잠깐 마늘 좀 까주렴."

이렇게 더 적극적으로 제안해보자. 자녀가 학생인 만큼 숙제도 중요하지만 음식을 직접 만들어보게 하는 일도 그 이상으로 소중하다.

재삼 강조하건대 식재료를 준비하고 조리하고 마지막으로 설거지까지 아이를 참여시켜보자. 그 일이 부모와 정답게 이야기를 나누면서 이루어진다면 금상첨화일 것이다.

왜곡된_미각은_돌아온다__⊙

가급적 첨가물을 피하고 '엄마표 음식' 으로 식생활을 환원시키면 신기하게도 아이가 변하는 모습을 발견할 수 있을 것이다. 앞에서 '황금트리오' 물질이 아이들의 미각을 왜곡시킨다고 했다. 그런데 한 번 미각이 왜곡됐다고 해서 평생 회복할 수 없는 것은 아니다. 왜곡된 미각은 노력에 의해 반드시 되돌아오게 되어 있다.

나는 자녀 셋을 두었다. 이제 모두 성인이 되었지만 지금도 인스턴트 라면이나 스낵은 거의 입에 대지 않는다. 물론 어릴 때는 그와 같은 정크푸드를 무척 즐겨먹었다. 식생활을 바꾼 이후 어쩌다 먹게 되면 입에 뭔가 남는 것 같아서 불쾌하다고 입을 모은다. 머리만이 아니고 혀도 화학조미료나 단백가수분해물을 싫어한다는 뜻이다. 그야말로 입맛의 세계에서 느끼는 '금석지감今昔之感' 이 아닐까.

내가 첨가물 비판론자로 돌아선 계기는 '미트볼 사건' 때문이었다고 했다. 우리 아이들 역시 어릴 때는 여느 집 자녀들과 다르지 않게 첨가물 투성이인 미트볼이나 스낵류 등의 가공식품을 즐겨먹었다. 내가 첨가물 회사를 그만두면서 우리 집 밥상은 서서히 바뀌었다. 돈 몇 푼만 주면 손쉽게 구할 수 있는 각종 가공식품들이 식탁에서 사라졌다. 대신 야채 중심의 전통 시골 음식들이 그 자리를 메웠다. 그에 따라 아이들도 서서히 자연식 또는 전통음식 애호가로 변해갔다.

나는 아이들에게 잔소리를 하지 않는다. 먹는 것에 대해 특별히 교육을 한 적도 없다. 이 점은 아내도 마찬가지다. 다만 아내와 내가 모범을 보였을 뿐이다. 부모가 변하면 아이도 변한다는 것을 나는 신앙처럼 믿는다.

아빠도_가사에_적극_임해야__

20년 전, 회사를 그만두었을 때 우리 집에는 큰 변화가 있었다. 가장인 내가 아이들과 함께 부엌에서 일을 하기 시작한 것이다. 우리 가족에게 부엌은 자연스럽게 '대화의 장'이 되었다.

그 정경은 과거에는 결코 볼 수 없었던 모습이었다. 늘 일에 쫓기던 샐러리맨으로서 나는 말 그대로 '별을 보고 출근해서 별을 보고 퇴근하는 신세'를 면치 못했다. 아이들과 이야기하기는커녕 아이들 얼굴 보기도 힘든 것이 당시의 현실이었다.

출장 간답시고 집을 비우기도 밥 먹듯 했다. 오랜만에 집에 돌아왔을 때 "여보, 이번에는 어디 다녀왔어요?"라고 아내가 물으면 "응, 일이 생겨서 한국에 좀 다녀왔소"라는 식으로 대답했던 적이 한두 번이 아니다.

'가족에게 경제적인 고통을 안겨주면 안 된다.'

이것이 당시 가장인 나의 투철한 신조였다. 지금 생각해보면 가족의 행복을 책임져야 할 가장으로서 큰 착각을 하고 있었던 것이지만.

당시의 직무유기를 조금이나마 땜질해야겠다는 생각에 지금은 적극적으로 가사에 참여하고 있다. 하긴 아내도 다른 일을 하고 있으니 당연한지도 모른다. 여기서 내가 가사에 참여한다 함은 '협력'의 차원이 아니라 '공동'의 차원이다. 즉, 평등하게 나누어 한다는 의미다. 이를테면 내가 직접 밥을 짓는다든가 청소를 한다든가 하는 식이다. 청소하는 것도 이제 틀이 잡혔다. 마루 청소를 할 때는 먼저 청소기를 이용하여 먼지를 빨아들인다. 그 다음 슬리퍼처럼 생긴 걸레로 닦는데, 그 걸레는 딸이 만들어준 것이다.

하지만 내 전공은 화장실 청소다. 가능한 한 세제는 쓰지 않고 중조나 식초를 이용하여 반들반들하게 윤을 내는 것이 특기다. 내가 하고도 스스로 칭찬할 정도다.

일전에 출장 갈 일이 있어 일주일쯤 집을 비운 적이 있는데, 아들로부터 메일이 왔다.

"아빠, 안녕하세요? 아빠가 안 계시니까 화장실에서 냄새가 나요."

나는 크게 웃었다. 베테랑 화장실 담당자가 없으니 그럴 수밖에.

가공식품을 피하고 손수 음식을 만들어 먹으려면 시간이 많이 걸리고 힘도 더 든다. 남자가 가사를 분담해야 한다고 강조하는 이유도 그 점과 무관하지 않다. 여자가 식사를 준비한다면 남자는 다른 집안일을 해야 한다. 여자 혼자서 청소, 세탁을 하고 식사 준비까지 한다는 것은 도저히 무리다. 가사 분담은 음식의 소중함을 가족이 함께 누리기 위한 선결 원칙이다.

내 경험으로 판단하건대, 아빠가 청소를 하면 또 한 가지 이점이 있다. 아이들이 집 안을 어지럽히지 않는다는 사실이다. 어지럽히기는커녕 지저분한 것이 있으면 오히려 치우려고 한다. 물론 “방을 깨끗이 사용해라”, “청소해라” 하고 잔소리를 전혀 하지 않는데도 말이다.

언젠가는 이런 일도 있었다. 일요일이어서 나는 평소와 다름없이 걸레를 들고 청소를 하고 있었다. 그때 마침 딸아이 친구가 놀러왔다.

“아빠, 창피해요!”

딸이 내게 다가와서 호들갑스럽게 속삭였다.

“창피하다고? 뭐가? 아빠가 청소한다고 창피하게 생각하면 안 돼요.”

내가 단호하게 말하자 딸이 이렇게 말했다.

“그게 아니고요, 팬티 바람에 하시지 말라고요.”

한방 크게 얻어맞은 나는 부리나케 바지를 입으러 달려갔다.

또_하나_필요한_도덕적_기준__⊙

업계를 떠난 지 꽤 오래되었지만, 아직까지도 나를 찾아오는 사람들이 있다. 첨가물에 대해 묻는 업계 사람들이다.

“증량제를 쓰는 것이 좋은가요?”

“이 첨가물은 어떻게 사용합니까?”

과거에는 물론 첨가물 상담이라면 무엇이든지 응해주었다. 사용법뿐만 아니라 선택하는 방법까지도 상세하게 알려주었다. 하지만 지금은 전혀 응하지 않는다. 그래도 알려달라고 매달리는 사람이 있는데, 그때는 이렇게 말해준다.

"그걸 팔기 전에 먼저 '혼'을 팔아보세요. 기술자로서의 혼, 식품을 만드는 사람으로서의 혼을 말입니다. 그리고 반드시 당신 나름대로의 기준을 하나 만들어야 합니다. '참마음'을 잣대로 한 기준이지요. 그 기준을 넘으면 안 됩니다."

또 이렇게 말해주기도 한다.

"당신은 생산자로서 첨가물을 사용합니다. 그러나 당신은 소비자이기도 합니다. 당신이 사랑하는 사람 역시 소비자입니다. 당신의 노부모에게 당신이 만든 식품을 권할 수 있습니까? 젖 뗀 당신의 손자에게 이유식으로 첨가물 범벅인 식품을 먹일 수 있습니까? 가족에게 마음대로 권할 수 있는 식품을 만들자고요."

첨가물을 사용하면 좋은 점이 많다. 원가를 낮출 수 있고, 품질을 일정 수준으로 균일하게 유지할 수 있다. 영리 추구가 목표인 회사 입장에서 그것은 대단히 매력적인 일이 아닐 수 없다. 엄밀히 말해서 그것은 속임수일 수도 있지만, 법의 테두리 안에서 이루어지므로 처벌 대상이 아니다.

하지만 단지 법적 기준만 지키면 되는 것일까. 또 한 가지 필요한 기준이 있다. 나는 그것을 참마음에서 우러나오는 도덕적 기준이라고 정의하고 싶다. 모든 식품은 그 기준에 의해 재평가되어야 한다.

이대로라면 오늘날 문명사회의 식문화는 붕괴되고 만다. 더 늦기 전에 가공식품 회사는 다시 한 번 자사의 식품 제조 철학을 검증해야 한다.

첨가물을 사용할 제품과 사용하지 않을 제품을 분명히 구분하고, 그 사실을 소비자에게 알려야 한다. 정확한 정보를 가지고 있는 소비자는 회사를 신뢰한다. 회사를 신뢰하는 소비자는 충성스러운 단골 고객이 될 것이다.

알아주는_소비자는_꼭_있다_ _⊙

첨가물을 사용하지 않고 식품을 만들기란 결코 쉬운 일이 아니다. 첨가물을 사용하면 간단히 해결될 일도 사용하지 않는 경우에는 많은 연구를 요하는 난제가 되어버린다. 별것 아닌 듯 보이는 첨가물이지만 하나라도 빼기 위해서는 그만큼 어려움이 따른다는 말이다.

보존 기간을 늘리는 일, 식감을 좋게 하는 일, 원재료의 색을 살리는 일, 깊은 맛을 내는 일 등은 가공식품의 금과옥조와 같은 명제다. 첨가물에 의존하지 않는다면 대안이 있는가?

무첨가 식품을 만들기 위해서는 당연히 좋은 원재료를 써야 한다. 기술이 필요하고 작업도 번거로워진다. 정성을 더 들여야 함은 말할 필요도 없다. 당연히 첨가물을 사용하는 것에 비해 원가가 더 올라갈 수밖에 없다.

하지만 이런 불리함을 감수한다고 해서 문제가 해결되는 것이 아니다. 색이나 모양이 여전히 마음에 안 들지 모른다. 맛도 기대에 미치지 못할지 모른다. 뭔가 허전하고 부족한 점이 느껴질 것임에 틀림없다.

제품의 물리적인 품질은 나빠졌지만 가격은 더 비싸다? 어떻게 소비자를 납득시킬 것인가. 어찌 보면 그 점이 가장 큰 난제일지도 모른다.

한 에피소드를 통해 해결책을 모색해보자. 나는 지금 천연염 제조업체에서 일하고 있다. 내가 일하는 회사는 현해탄과 맞닿은 시모노세키 해안에 위치해 있다. 우리 회사에 특이한 제염 노하우가 있는 것은 아니다. 바닷물을 길어 올려 평평한 솥에서 자글자글 끓이는 전통적인 방식을 사용한다.

이렇게 만든 소금은 전기분해 방식으로 만든 제품이나 수입염에 미네랄을 강제로 첨가한 제품들과는 큰 차이가 있다. 자연 물질이 그대로 들어 있어 친건강적인 데다 맛도 훨씬 좋다. 매스컴에도 소개된 덕분에 하루 24시간 생산 체제를 유지하고 있다. 다만 흠이라면 값이 비싸다는 점이다. 때문에 우리 회사의 제품은 원가를 중시하는 일반 식품회사들이 사용하기가 쉽지 않다. 그런데 일전에 한 전갱이 가공 회사의 사장으로부터 연락이 왔다. 그 회사에서 쓰고 있는 모든 식염을 우리 제품으로 바꾸겠다는 것이다.

비싼 식염을 쓰면 전갱이말림의 원가는 얼마나 올라갈까. 지금 그 회사에서 쓰고 있는 식염은 수입 천일염이니 식염 구입비로만 연간 1,000만 엔이 추가로 든다. 늘어나는 비용을 제품 단가에 반영할 경우 전갱이말림 한 마리당 15엔씩 올려야 한다는 분석이 나왔다. 거래처의 이야기를 들어보니 "15엔씩이나 올리면 주부들이 큰 부담을 느낄 것이다. 절대로 팔리지 않는다"는 반응이었다. 회사 내부에서도 반대 의견이 많았다고 했다.

하지만 그 회사의 사장은 밀어붙이기로 했다. 맛있고 몸에 좋은 식염으로 바꾸는 만큼 이번 기회에 아예 무첨가 제품을 만들기로 결정했다. 지금까지 써오던 화학조미료, 산화방지제, pH조정제, 감미료 등을 모두 빼기로 했다.

"제품은 보나 마나 색깔이 형편없을 게야. 맛도 밋밋할 테고, 유통기한도 더 줄여야 하지. 가격은 물론 더 비싸. 하지만 첨가물이 전혀 없지 않은가. 그 사실을 알리자. 포장지에는 무첨가 표기를 하는 거야. 도매점은 물론이고 매장에도 충분히 설명해줘야 할 것이고."

드디어 무첨가 전갱이말림이 탄생했다. 결과는 어땠을까. 다행히 성공적이라고 평가할 수 있었다. 맛도 염려했던 것보다 나쁘지 않았다. 오히려 예전에 먹던 담백한 맛을 느낄 수 있어 더 좋았다. 물론 모든 소비자들의 지지를 받은 것은 아니다. 가격과 외관만 생각하는 소비자들은 외면했다. 성공적이긴 했지만 큰 돈을 벌어줄 정도로 히트 제품이 된 것은 아니다.

그러나 이 사례는 우리에게 한 가지 분명한 점을 알려주고 있다. 식품회사가 정성 들여 만든 제품은 소비자도 알아준다는 사실이다. 소비자 가운데에는 '양보다 질을', '돈보다 건강을' 생각하는 사람들이 틀림없이 있다. 그것은 우리 식생활의 미래가 어둡지만은 않다는 표시이기도 하다.

무첨가, 핑계가 되면 안 돼

"화학조미료를 안 썼으니까 맛없어도 돼."

"무방부제 제품이니까 변질되어도 괜찮아."

혹시 식품업체가 이런 생각을 가지고 있다면 그것은 오산이다. 나는 무첨가 제품이라고 해서 어떤 결점이 있어도 된다고는 생각하지 않는다. 다시 말해 무첨가가 품질 저하의 구실이 되면 안 된다는 이야기다.

식품은 약이 아니다. 몸에 좋다고 해서 음식을 먹을 때 코를 싸잡아야 하는 상황이 발생하면 곤란하다. 음식은 즐겁게 먹을 수 있어야 한다. 그게 바로 음식을 맛있게 만들어야 하는 이유다. 물론 말처럼 쉬운 일은 아니지만 말이다.

일전에 한 잡지회사의 기자가 찾아왔다.

"후쿠오카 근처의 이키라는 섬에서 성게젓을 하나 샀는데요. 진짜 제품인 것 같더라구요."

"뭘 보고 진짜라고 생각했어요?"

내가 묻자 그는 이렇게 대답했다.

"병마개를 따니까 안에서 가스가 확 올라오더라구요. 발효가 되고 있다는 뜻 아닌가요? 소금으로만 만들어서 그런 것 같아요."

이런 식으로 제품을 평가하면 곤란하다. 그 성게젓은 진짜라서 그렇다기보다 부패되었기 때문인 것으로 보인다. 포장 용기 안에서 발효가 일어나는 이유는 식염 양이 부족하기 때문이다. 식염 사용량을 더 늘려야 한다는 뜻이다. 맛이 짜서 문제가 된다면 다른 방법으로 해결해야 한다. 혼합을 더 잘해준다든가, 숙성을 오래 한다든가, 온도를 바꿔본다든가 하는 등의 방법이 있다. '짠맛을 잘 다스리면 단맛이 난다' 는 말이 있다. 진짜 성게젓을 만들려면 그 이론을 알아야 한다.

요즘 첨가물의 유해성에 대한 인식이 확산되면서 무첨가 제품이 어부지리로 인기를 끌고 있다. 소비자들의 의식 속에는 '무첨가 제품은 좋은 것' 이란 도식이 자리잡고 있는 것으로 보인다. 그런 생각에서인지 무첨가 표시만 있으면 맛이라든가 보존 기간 등의 품질 요소에 다소 결함이 있어도 관용을 베푼다.

그러나 거듭 강조하지만 식품이라면 우선 맛있고 볼 일이다. 식품을 만드는 사람은 첨가물을 뺀 만큼 연구와 노력, 지혜를 넣겠다고 생각해야 한다. 첨가물을 쓰지 않고 식품을 만들면 기술자의 손맛이나 경륜, 감각 등에 의해 맛이 조금씩 달라진다. 이런 변수들을 잘 조합해서 최상의 맛을 낼 수 있도록 하는 것이 바로 기술이다. 무첨가 식품을 만드는 사람은 '쉐프chef' , 즉 특급 요리사의 경지에 올라야 한다.

소비자도_책임져야__⊙

첨가물을 사용하는 식품업체는 도덕적인 기준으로 무장해야 한다는 것이 나의 소신이다. 그러지 못하기 때문에 식품업체는

첨가물 문제가 불거질 때마다 언론의 집중 포화를 받는 것이다. 그렇다면 소비자는 어떤가.

흔히 식품회사는 이렇게 말한다.

"소비자는 가격을 보고 삽니다. 싸게 만들어야 팔리거든요. 첨가물을 쓰지 않을 수가 없어요."

또 이런 말도 한다.

"색이 나쁜 명란젓은 거들떠보지도 않아요. 착색료나 발색제를 쓰지 않을 수가 없어요. 우리 집만 빼라고요? 그건 말도 안 돼요."

맞는 말이다. 나 역시 화학물질을 쓰지 않고 명란젓을 만들었을 때 똑같은 경험을 했다. 색이 선명하지 않다든가 화학조미료로 맛을 내지 않은 명란젓은 결코 팔리지 않았다.

"이 명란젓 썩은 거 아냐?"

"맛이 어째 이상해!"

당시에 이와 같은 항의를 수십 차례는 받았다. 소비자는 명란젓의 명태알 색을 밝은 핑크색으로 기억하고 있다. 맛도 화학조미료가 내는 맛으로 기억하고 있다. 그런 항의를 받는 것이 당연할 수밖에 없다.

단무지나 햄도 마찬가지다. 색이 허옇게 바랜 단무지는 절대로 팔리지 않는다. 나중에 남아서 버리는 것을 보면 모두 착색제가 사용되지 않은 제품들이다. 햄의 경우도 발색제를 쓰지 않으면 기름 먹은 삼겹살같이 색이 죽는다. 하지만 값은 더 비싸다. 햄 역시 색깔이 선명하고 싼 제품만 팔린다.

가공식품은 가격의 영향이 너무 크다. 일단 값이 싸야 팔린다. 첨가물 대신 손맛이 들어간 제품은 당연히 비쌀 수밖에 없는데, 그런 것은 팔리지 않는다는 이야기다. 식품회사가 싸구려 원료만 찾는다든가, 첨가물 사용에 그토록 집착하는 이유가 바로 여기에 있다.

왜 햄에 젤리가 사용될까. 왜 햄버거에 대두단백이 들어갈까. 양을 늘려서 단가를 낮추기 위함이다. 싸야만 팔리니까. ○○○소스, △△△육수 등도 크게 다르지 않다. 간편하다는 점이 인기를 끄는 비결일 수 있지만, 뭐니 뭐니 해도 싼 것이 가장 큰 매력이다.

대부분의 소비자는 구입하는 식품이 어떻게 만들어졌는지, 무슨 원료가 들어가 있는지 관심이 없다. 표기 내용을 전혀 보지 않는다고 해도 과언이 아니다. 결국 소비자도 식품첨가물 지지자인 셈이다.

4명_가운데_3명의_의미_ _⊙

이쯤에서 자료 하나를 살피고 넘어가자. 사단법인 후쿠오카도시과학연구소에서 재미있는 조사를 실시했다. 먹을거리에 대한 안전성 의식과 실제로 식품을 구입할 때의 행동에 대한 조사다. 15세 이상의 남녀 1,700명에게 다음 네 가지 소비자 타입 가운데 어디에 속하는지 물었다. 여러분도 어느 타입인지 생각해보기 바란다.

① 적극형 소비자

음식과 농업을 생명의 원천이라고 생각한다. 안전을 위해서라면 다소 비싸더라도 구입하고, 벌레 먹은 것도 그다지 개의치 않는다. 봉사활동 등 농어촌 지원 행사에 적극적으로 참여한다.

② 건강지향형 소비자

가족의 건강과 식품 안전을 위해 식생활에 주의를 기울이는 편이다. 생활협동조합이나 농산물 직판장 등을 적극 이용한다.

③ 무관심형 소비자

음식이 중요하다고는 생각하지만, 바쁘다는 이유로 그다지 신경 쓰지 않는다. 싸고 맛있는 음식을 먹을 수 있으면 좋다고 생각한다.

④ 분열형 소비자

식품 안전과 가족 건강에 신경은 쓰지만, 별다른 조치는 취하지 않는다.

조사결과는 어땠을까.

응답자 분포가 다음과 같이 나타났다.

① 적극형 소비자 _ 5.5퍼센트

② 건강지향형 소비자 _ 16.6퍼센트

소비자 75%가 식품첨가물을 지지

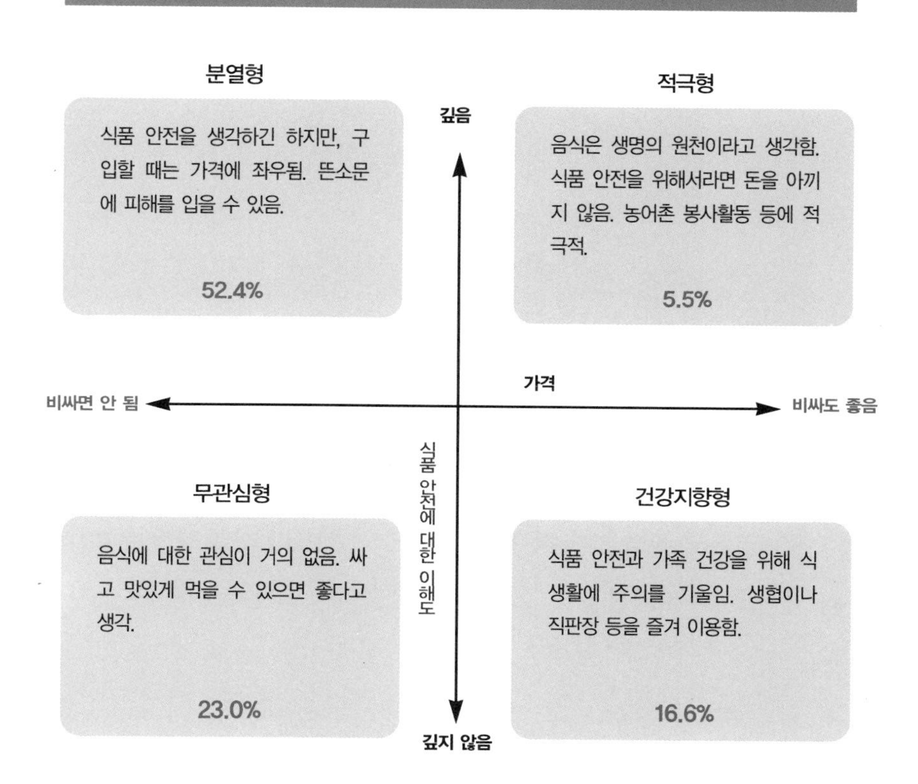

※ 〈2003년 후쿠오카 시민 식생활 앙케트(후쿠오카도시과학연구소)〉 자료 참고. 원래는 농업에 관한 자료이지만, 첨가물에도 그대로 적용할 수 있음. 합계가 100%가 되지 않는 것은 무응답자 때문임.

③ 무관심형 소비자 _ 23.0퍼센트

④ 분열형 소비자 _ 52.4퍼센트

이 자료에서 주목해야 할 대목이 적극형 소비자와 건강지향형 소비자의 비율을 합쳐도 22.1퍼센트밖에 되지 않는다는 사실이다. 이들은 안전한 식생활을 위해서라면 돈을 기꺼이 더 내겠다는 사람들이다. 반면에 분열형 소비자는 절반을 넘는다. 이들은 식생활이 중요하다고는 생각하지만 행동으로까지는 연결하지 않는 사람들이다.

결국 식품 소비자 절반 이상이 생각하는 대로 행동하지 않음을 알 수 있다. 이들은 첨가물이나 농약의 유해성은 인정한다. 그러나 가격이 비싸거나 번거롭다고 생각되는 식품은 여간해서 소비하지 않는다. 여기에 식품 안전에 그다지 신경 쓰지 않는 무관심형 소비자를 합치면 75.4퍼센트나 된다.

이 자료를 통해 우리는 식품 소비자의 75퍼센트가 식품 안전에 관심을 두지 않는다는 사실을 알 수 있다. 바꿔 말하면 그것은 소비자 4명 가운데 3명이 첨가물이나 농약을 지지한다는 이야기다.

작은_행동들이_모여_큰_변화가__

첨가물 문제가 불거질 때면 우리는 늘 업체는 가해자고 소비자는 피해자라는 시각으로 식품회사들을 몰아붙인다. 그러나 소비자도 첨가물을 지지하고 있다는 현실은 무엇을 의미할까. 첨가물 문제에 돋보기를 대보면 소비자도 결코 자유로울 수 없다.

그렇다면 해결책은 의외로 쉽게 찾을 수도 있다. 소비자가 지지했기에 첨가물 만능 사회가 도래했다면, 반대로 지지를 접을 경우 그 물질들은 저절로 퇴출될 터이기 때문이다. 식품 소비자 한 사람 한 사람의 행동이 중요한 이유가 여기에 있다. 그것은 잘못된 식문화를 바꾸는 강력한 동인으로 작용할 수 있다.

아기의 뽀얀 살결같이 탱탱하고 윤이 나는 명란젓의 외관, 그것이 20가지에 달하는 백색가루들의 작품이라는 사실은 이미 확인한 대로다. 꼭 이런 식으로 명란젓을 먹어야 할까.

아무리 색이 예쁘기로서니 벌레를 갈아 만든 추출물로 음료나 햄까지 물들일 필요가 있을까. 무균 재배한 듯한 하얀 피클류, 각종 야채 제품들도 마찬가지다. 꼭 유황화합물과 같은 유해물질까지 써서 표백해야만 할까.

우리 일상은 끊임없는 '선택'의 연속이다. 그곳에는 '큰 선택'도 있고 '작은 선택'도 있다. 식품 매장에서 쇼핑하는 일, 식단을 짜는 일 등은 '작은 선택'에 속할 것이다. 하지만 그것이 '작은 선택'이라고 해서 함부로 판단하기에는 너무나 중요하다. 나 자신은 물론이고 자녀들의 미래가 걸린 일이기 때문이다.

아무쪼록 소비자 각자의 '작은 선택'들이 모여 그릇된 식문화를 바꾸는 거대한 변화의 물결로 거듭나기를 바라는 마음 간절하다.

에·필·로·그

현대 사회의 중요한 키워드 가운데 하나는 바로 정보다. 그것은 식품 산업이라고 해서 예외가 아니다. 그러나 유감스럽게도 식품업계는 여간해서 정보를 공개하지 않는다. 정보 공개가 가장 뒤처진 산업이 식품업계가 아닐까. 식품이 어떤 방법으로 만들어지는지, 무슨 첨가물이 사용되며 왜 사용되는지 등에 대해서 소비자들은 알 길이 없다.

물론 음식을 만드는 사람과 파는 사람, 먹는 사람이 모두 아는 사이라면 굳이 정보 공개가 필요 없을지 모른다. 만드는 사람은 먹는 사람의 얼굴을 떠올리며, 그가 안심하고 맛있게 먹을 수 있도록 정성을 다할 것이다. 그런 음식에 첨가물이 사용될 리가 없다. 먹는 사람도 마찬가지로 만든 사람의 얼굴을 떠올리면 색이나 맛이 좀 나쁘더라도 이해해줄 것이다. 파는 사람도 그 사실을 충분히 설명해줄 것이니 말이다.

그러나 사회가 발달하고 빠르게 산업화가 진행됨에 따라 이들 삼자를 연결하는 고리가 크게 약해졌다. 여기에 업무의 분업화 · 전문화가 가세하면서 이들 삼자의 얼굴이 서로 보이지 않는 상황에 이르렀다.

그로 인해 만드는 사람의 생각이 소비자에게 전달되지 않는 일이 발생했다. 마찬가지로 소비자의 요구도 판매자나 생산자에게 도달하지 않게 되었다. 그렇게 되자 애써 무첨가 식품을 만들어도 소비자에게 좋은 평을 듣는다는 것이 불가능해졌다. 오히려 변칙적으로 농약을 쓴다든가, 첨가물을 남용한다든가, 또는 원산지를 속여서라도 어떻게든 팔고 보겠다는 불순한 마음이 생겨났다.

이렇게 해서 진행된 '식품시장의 왜곡'은 현대인의 건강을 크게 위협하고 있다. 오늘날의 식생활 문제는 더 이상 방치할 수 없는 단계에 와 있다. 하루빨리 만드는 사람과 파는 사람, 먹는 사람 사이의 연결 고리를 원래의 위치로 되돌려야 한다. 그것이 나의 간절한 소망이다.

내가 이 책을 통해 줄곧 강조하고 있는 정보 공개는 그 소망을 위해 반드시 선결되어야 할 과제다. 식품회사는 식품첨가물이 사용되는 실상을 투명하게 알림으로써 소비자가 정확히 선택할 수 있도록 해야 한다. 생산자, 판매자, 소비자가 마음속에 그리고 있는 식품의 모습에 괴리가 있는 한 우리의 식생활 문제는 영원히 미결인 상태로 남을 수밖에 없다.

제2차 세계대전 이후 우리 사회는 크게 변했다. 그것은 윤택함, 편리함, 쾌적함 등으로 설명되는 발전적 변화다. 하지만 이런 눈부신 사회 발전 뒤에는 부정적인 측면도 있었다. 그 대표적인 것이 화학물질의 무분별한 남용이다. 플라스틱 제조에 없어서는 안 될 프탈산 계통의 화학물질들, 이것들은 환경호르몬이다. 또 값싸고 아름다운 건축 자재에는 포르말린이 들어 있는데, 이 물질은 방부제다. 현대인의 삶을 윤택하게 하는 데 이와 같은 화학물질들의 공로는 결코 적지 않다.

식품에서도 마찬가지다. 오늘날 음식을 편리하고 맛있게 먹을 수 있는 것은 첨가물의 힘이다. 첨가물이 있기에 우리는 언제 어디서든 손쉽게 끼니를 해결할 수 있다. 만일 우리가 첨가물을 쓰지 못한다면 음식을 만드는 시간이나 노력이 몇 배는 더 들 것이다. 가격은 비싸지고 모양새나 보존력은 더 떨어지면서 말이다.

현대인의 편리하고 윤택한 식생활 속에는 빛과 그림자가 공존한다. 그림자란 물론 첨가물의 독성과 같은 폐해를 말한다. 또 음식문화나 정신건강을 훼손하는 문제도 빼놓을 수 없다. 첨가물이 주는 빛을 즐기려면 이와 같은 그림자의 망령을 떨칠 수 없다.

한편으로는 우리 사회의 발전이 너무 빨랐던 것이 아닌가 하는 회의감도 든다. 윤택함을 너무 빨리 얻은 탓에 침착하게 즐기지 못하고 허둥대는 것은 아닐까. '위대한 발명' 이라는 찬사 속에서 개발되어 수십 년간 사용되어오던 첨가물이 하루아침에 발암물질로 판명되고는 목록에서 쫓겨난다. 이런 사례를 볼 때마다 씁쓸한 생각을 지울 수 없다.

사회 발전을 통해 누리는 여러 혜택들은 소중한 것임에 틀림없다. 하지만 그 화려해 보이는 무대 뒤에서 우리는 그보다 더 소중한 것들을 잃고 있지는 않은가. 도대체 우리가 얻는 것이 무엇이고 잃는 것은 무엇인지조차 모르고 있지 않을까. 이 책이 그런 고민을 해결하는 데 조금이나마 도움이 된다면 더 바랄 것이 없겠다.

2005년 10월

아베 쓰카사

2006년 9월 7일은 우리나라 가공식품사에 새로운 날로 기억될 것이다. '식품완전표기제', 즉 '식품에 사용되는 원료는 모두 표기한다'는 원칙이 전격 시행되는 날이기 때문이다. 종전에는 식품 원료 다섯 가지만 기재하면 표기 의무를 다하는 것으로 되어 있었다. 실제로는 훨씬 더 많은 원료가 사용되지만, 확인할 수 있는 품목은 고작 다섯 가지이니 소비자로서는 늘 불만일 수밖에 없었다. 특히 기피 물질인 첨가물의 경우 이 문제는 자못 큰 논란을 야기했다.

이웃 일본에서는 이미 오래 전부터 식품완전표기제가 시행되어왔다. 일본의 가공식품을 보면 시시콜콜한 원료들까지 모두 표기되어 있음을 알 수 있을 것이다. 이 책에서도 그 사실이 확인되는데, 그렇다고 책의 내용이 현실적으로 우리와 맞지 않는다고 생각해서는 안 된다. 9월 7일 이후에는 그 차이점이 사라질 것이기 때문이다.

그렇다면 식품완전표기제는 소비자의 궁금증을 해소하는 쾌도난마의 제도인가? 그 점에서 이 책은 우리에게 좋은 길잡이가 되어줄 수 있다. 저자는 현재 일본의 표시 규정에도 많은 맹점이 있음을 폭로하고 있다. '일괄표시제'나 '표시 면제' 규정 등이 여전히 존재해서다. 이런 문제는 우리도 곧 겪게 된다는 점에서 반면교사로 삼을 만하다.

이 책은 식품첨가물을 통해 본 가공식품 고발서다. 저자인 아베 쓰카사는 오랜 기간 첨가물업계에 몸 담았던 사람이다. 첨가물 보급을 위해 직접 땀 흘리던 전문가였기에 그의 고발은 더욱 예리하다. 냉소와 한탄, 섬뜩함 등이 이 책을 대변하는 단어들이 아닐까. 번역을 맡은 나 역시 한때 식품을 만들던 사람임에도 신랄한 지적에는 밑줄을 그으며 새삼 혀를 차야 했다.

말도 많고 탈도 많은 식품첨가물, 그리고 가공식품들. 요즘 주부들이 모이는 자리에서는 늘 먹을거리 이야기가 빠지지 않는다. 언론에서도 유해식품에 대한 보도가 부쩍 늘었다. 그러나 막연한 불안감이나 맹목적인 비판만으로는 해결의 길이 없다. 첨가물과 가공식품 문제는 식생활이라는 큰 틀 위에 놓고 분석해야 대안이 나온다. 식품첨가물을 비판은 하되 부정은 하지 않는 것, 어찌 보면 모순으로 비칠 수도 있겠으나 그런 관점에서 대안을 찾아야 한다는 것이 저자의 주장이다.

우리나라에서 식품첨가물로 허가되어 있는 화학물질은 400가지가 넘는다. 여기에 1,800여 가지에 달하는 향료 기초 물질은 별도다. 현대 가공식품 기술이란 이 많은 화학물질을 얼마나 잘 응용하는지에 달려 있는 듯 보인다. 그 물질들이 소비자 건강 측면에서, 또 식문화 측면에서 어떤 의미가 있는지는 그다지 관심의 대상이 아니다. 화학물질의 유해성 여부를 떠나 이런 잘못된 인식이 더 문제가 아닐까.

다행스러운 것은 요즘 '무첨가 식품'이 눈에 띄게 늘어나고 있다는 사실이다. 식품에 가급적 유해물질을 사용하지 않으려는 시도가 이제까지는 영세업체 사이에서만 관측되었으나 차츰 대기업으로도 번지고 있는 양상이다. 하지만 아직은 여론의 예봉을 피하기 위한 임시적 방편이라는 이미지가 짙다. 더 체계적으로 정책에 반영시킴으로써 전사적인 환골탈태가 이루어져야 한다.

미래 시장에서는 해로운 물질을 쓰지 않고 소비자를 만족시킬 수 있는 식품을 만드는 회사만이 살아남는다. 그 이론이 현실화되는 시기는 빠르면 빠를수록 좋다. 이 책이 그 시기를 앞당기는 데 다소나마 도움이 되기를 기대한다. 좋은 책을 번역하게 해준 국일미디어에 감사드린다.

2006년 5월

옮긴이 안병수

가공식품의 거짓 · 속임수를 알아내는 아베식 첨가물 분류표

- 이 분류표는 저자가 독자적으로 고안한 것이다.
- 이 표는 독성등급표가 아니다. 가공식품을 선택할 때 지침이 되는 첨가물 분류표로서 식품을 선택하는 데 큰 도움이 될 것이다. 가급적 복사해서 휴대하는 것이 좋겠다.

	개요	설명	첨가물의 예
제1그룹	식품 제조 공정에서 불가결하게 들어가는 첨가물	· 오랜 기간 사용되어옴 · 비교적 안전한 물질로 인정됨	**팽창제** 중조, 베이킹파우더 **간수** 염화마그네슘 **경화제** 수산화칼슘 **겔화제** 한천, 젤라틴
제2그룹	회사가 마음만 먹으면 비교적 쉽게 뺄 수 있는 첨가물	· 사용하지 않아도 큰 문제는 없음 · 식품의 색과 맛을 좋게 하고 양을 늘리는 목적으로 사용함 · 가공식품을 선택할 때 특히 주의해서 살펴야 할 그룹임	**화학조미료** 아미노산류, 글루타민산나트륨, 5'-리보뉴클레오티드나트륨글리신, 알라닌 등 **천연조미료** 단백가수분해물, OO 농축액 등 **향료** 각종 향료 **산미료** 구연산, 젖산, 비타민 C(아스코르빈산), 호박산 등 **증점제** 산탄검, 구아검, 카르복시메틸셀룰로오스(CMC) 등 **착색료(천연계, 합성계)** 적색102호, 황색4호, 치자색소, 카로티노이드, 코치닐색소, 캐러멜색소, 홍국색소 등 **감미료(천연계, 합성계)** 소르비톨(소르비트), 이성화당, 액상과당, 스테비오사이드(스테비아), 감초, 사카린나트륨, 아세설팜칼륨, 아스파탐 등

- 같은 첨가물이 두 그룹에 중복되어 표기된 경우도 있다(이를테면 제2그룹과 제4그룹). 이런 경우는 양쪽 그룹에 모두 해당됨을 의미한다.
- 1,500종에 달하는 첨가물을 모두 분류하는 것은 불가능한 관계로 대표적인 물질만 선정하여 표기했다. 이 분류가 절대적인 기준은 아님을 밝힌다.

	개요	설명	첨가물의 예
제3그룹	쉽지는 않으나 회사의 노력에 의해 뺄 수 있는 첨가물	· 사용하지 않기 위해서는 소비자의 협조가 필요함 · 색이 나빠진다든가 값이 비싸진다든가 할 수 있음	**pH조정제** 초산나트륨, 구연산나트륨, 사과산나트륨, 글루코노델타락톤(GDL) 등 **품질개량제** 프로필렌글리콜, 인산염(폴리인산나트륨, 메타인산나트륨, 피로인산나트륨), 명반 등 **색조유지제** 니코틴산아미드, 아스코르빈산나트륨, 명반 등 **천연보존료** 폴리리신, 이리단백, 펙틴화합물 등 **면류 품질개량제** 견수, 탄산칼슘, 프로필렌글리콜 등
제4그룹	독성이 강하고 사용 기준도 엄격하게 관리되고 있는 첨가물	· 자연계에는 존재하지 않는 물질들임 · 안전성 논란에 휩싸여 있는 경우가 많으며 가능하면 피하는 것이 좋음	**합성착색료** 적색102호, 적색3호, 황색4호, 황색5호, 청색1호, 청색2호 등 **발색제** 아질산나트륨 등 **합성감미료** 사카린나트륨, 아스파탐, 아세설팜칼륨 등 **산화방지제** 디부틸히드록시톨루엔(BHT), 부틸히드록시아니솔(BHA) 등 **합성보존료** 소르빈산, 소르빈산칼륨, 안식향산부틸 등 **항곰팡이제** OPP, TBZ 등